桐庐文史资料第二十三辑

一缕乡愁

桐庐古建筑文化基因解码

下册

王樟松　郑萍萍　主编

浙江工商大学出版社
ZHEJIANG GONGSHANG UNIVERSITY PRESS

图书在版编目（CIP）数据

一缕乡愁 ：桐庐古建筑文化基因解码 / 王樟松，郑萍萍主编. — 杭州 ：浙江工商大学出版社，2022.12
ISBN 978-7-5178-5182-0

Ⅰ. ①一… Ⅱ. ①王… ②郑… Ⅲ. ①古建筑—建筑文化—研究—桐庐县 Ⅳ. ①TU-092.955.4

中国版本图书馆CIP数据核字(2022)第206494号

一缕乡愁：桐庐古建筑文化基因解码

YILV XIANGCHOU：TONGLU GU JIANZHU WENHUA JIYIN JIEMA

王樟松　郑萍萍　主 编

责任编辑　唐　红
责任校对　何小玲
封面设计　袁东明
责任印制　包建辉
出版发行　浙江工商大学出版社
（杭州市教工路 198 号　邮政编码 310012）
（E-mail:zjgsupress@163.com）
（网址:http://www.zjgsupress.com）
电话：0571-81902043，88831806（传真）
排　　版　桐庐富春广告有限公司
印　　刷　杭州高腾印务有限公司
开　　本　710mm×1000mm　1/16
印　　张　26.5
字　　数　482 千
版 印 次　2022 年 12 月 第 1 版　2022 年 12 月 第 1 次印刷
书　　号　ISBN 978-7-5178-5182-0
总 定 价　148.00 元（全两册）

目 录

民居精品

（接上册）

老宅遗韵

敬思堂：见贤思齐 明己之过

周华新

敬思堂

敬思堂坐落于江南镇深澳古村之西南角，居后朱弄之南，隔徐家弄与恭思堂、敬德堂相望，处鹤锦堂之东，位“六房古井”之西，为深澳申屠二十六世房毓祥于清咸丰五年（1855）兴建。据《申屠氏宗谱》第十九卷载：岐山公暨章孺人传“贸易勾吴稍稍盈余，积累数年而田园新堂构”。距今已有160余年历史，挂“桐庐县历史文化保护建筑”牌。

敬思堂坐东朝西，占地252平方米，三间二弄二进，二层楼房，砖石木结构、瓦顶，马头墙。一进面宽14.52米，

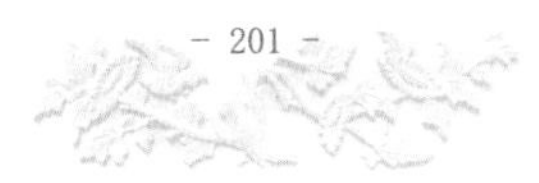

五檩深5.1米，两坡硬山顶。天井两侧为厢房，四周花窗保存较好，天井南北共有十二扇绦环板，阳刻十二个篆体“寿”字花板，格扇门上雕有花草吉祥图案。一进屋檐下方牛腿分列南北，上雕麒麟献瑞图，其花枋上雕有天官赐福与福禄寿图案。琴枋面上还浮雕有天官赐福和福、禄、寿等人物形象。东西南北琴枋的端面，用篆体字刻成“耕读传家”等吉祥语。二进屋檐下，分南北各置牛腿，雕刻精细，为母子狮嬉闹图和雄狮戏绣球，阳刻线条流畅生动。

青石铺就的天井地面上，分南北各摆有两只直径1米、高0.77米装水太平瓷缸。据说是光绪十九年（1893），敬思堂后人申屠泂中举时，为桐庐知县以贺礼相赠而留存至今。

房屋的二进面宽同一进，五檩深8米，明堂间置花格平顶檐廊，廊后起楼，重檐。整座建筑造型雅致，雕刻精美。现挂有“申屠泂故居”匾额。

敬思堂，与石泉村的“怀清亭”有着一段传奇故事。“怀清亭”亦名“金钗亭”，为敬思堂主之女申屠凤荷所捐建。申屠凤荷为申屠泂的族妹，申屠氏出嫁南乡横路石泉村吴天良为妻。她眼见在田野劳作的农人，或过往之旅人，常因暴雨或酷暑而担忧。其毅然变卖了自己的金钗、戒指等陪嫁首饰，出资建造了这座可以挡酷暑、避风雨的凉亭，被乡人誉为“金钗亭”。族兄申屠泂闻此善举，欣然为“怀清亭”题写亭名和两对楹联。亭内青石柱上镌刻楹联二副：“山水有清音，正可领兹风景；乾坤亦逆旅，何须问及主宾”“著著争先，到此地堪留余步；头头是道，愿诸君莫入歧途”。其所书字体，圆润挺拔，刚劲有力。“怀清亭”坐落在江南镇石泉村东侧，在石泉到蒋坞、板桥至深澳的乡道上，为我县现存完好的、少有的民间凉亭之一。建于宣统二年（1910），占地面积约40余平方米。石木结构，观音兜屏风墙，双坡硬山顶，屋面铺设望板，卵石地面，二柱五檩二缝梁架。现为桐庐县文保建筑。

申屠泂，谱名鸣泉，字一笙。清咸丰辛酉年（1861）九月初七出生于深澳村，擅长书法、文章。清光绪十一年（1885）拔贡；光绪十九年（1893）为举人，是民国《桐庐县志》中记载的最后一位举人。曾被桐庐县令聘为朝阳书院首席讲席领袖，称“后起学中人，半荷其栽（载）”，为桐庐培养了许多学有成就的弟子。光绪三十年（1904），桐庐县议修县志，申屠泂又被聘请为总纂。

“钦命四书诗题”档案中，存有对申屠泂的记载。

棣萼堂：明清之交老建筑

周国文

棣萼堂，位于江南镇深澳古村落黄家弄东头。乾隆三十年（1765）始建，嘉庆二十四年（1819）重建，占地面积235平方米，建筑坐东朝西，砖木结构，三间二弄二进四合式楼房，双坡硬山顶，马头墙。其堂名取自《诗·小雅·常棣》。这是古代周人歌颂兄弟亲情的诗。全诗八章，每章都以“凡今之人，莫如兄弟”的结尾。“常棣之华，鄂不韡韡”，表达了兄弟情谊如棠棣之花，美丽光明。

棣萼堂

棣萼堂的天井长6米、宽3米，靠上堂前这侧没有排水沟，石板铺设，精细考究。

棣萼堂一进二柱五檩，五架梁使整个空间宽敞明亮。梁柱用料考究规整，给人稳重的感觉。天井石板铺筑，两侧为南北厢楼，二柱三檩，双坡硬山顶，二进高出一进30多厘米，前后双步，九檩内五架。前双步是方格平顶檐廊，整座建筑布局紧凑，梁架粗壮稳定，凸显出明、清相交之际的建筑风格，既有明代建筑的朴实和实用，又有清代开始的以木雕装饰为代表的奢华。二进前檐柱上的柱头拱的做法自进入清代后逐步消失，但在清代早期的一些厅堂建筑中还是常见的，这也是判断建筑年代的一种依据。

棣萼堂

棣萼堂的木雕继承了明代木雕的传统，写实、传神。建筑内木雕技术娴熟、圆雕圆滑，透雕有层次，是研究明清之际木雕演化的不可多得的实物见证。

棣萼堂的门窗多为四扇格扇门，框内分格心、绦环板、裙板组成，雕刻有天上神仙、花鸟虫草、男耕女织的场景。花窗、牛腿等雕刻基本完整。据传，此屋明堂上曾挂有乾隆年间木匾，“文化大革命”时期被毁。

据深澳自然村申屠氏三十一世一明介绍，棣萼堂是深澳自然村现存古建筑中最古老的一批之一。

棣萼堂在2011年被列为桐庐县第四批县级文物保护单位。2017年纳入深澳古建筑群，列入浙江省第七批省级文物保护单位。

前房厅：往事百年　传承难变

陈　晴

江南镇深澳古村的前房厅坐东朝西，位于前房弄和三房弄交界处。三间二弄两进四合式建筑。明间前双步间开内八字大门。左、右边门墙上分别写着“正名教”“修庸行”。

前房厅

名教与教化有关。《管子·山致数》：“昔者周人有天下，诸侯宾服，名教通于天下。”名教就是以“正名分”为核心的封建礼教。“修庸行”出于《易经》——“庸行之谨”。前房厅的主人以“正名教”和“修庸行”作为对族中人的要求。

前进是清光绪时期建筑，前双步，后五架梁，三柱七檩。相较于前进，后进明代的建筑抬梁和串梁混合构成的梁架，更以其古朴沉稳、简洁明快吸引人们的目光。

后进梁架用五柱十一檩，粗大的立柱，细细看去，才能感受到柱子略呈梭形，两头稍小，中间稍大。柱子顶部都有柱头斗拱，用来支撑木梁和檩。屋面下的梁架上，一只只猫梁卧状，给这些梁架增添了生命。

于清代建筑木雕装饰的繁复和显露而言，后厅的建筑装饰简洁。肥厚的月梁恰似一头头跃出海面的海豚，极具张力，曲线生动流畅。梁与柱结合处的榫卯，经历了百年岁月依然丝丝严合。有的月梁上还保留了脊板，这些都是明代月梁的特点。

后厅梁柱间的雀替很有特色，它是丁字拱的变型。以丁字拱置于梁柱相交间，起到承托固定的作用。在清代，丁字拱逐渐被各类雕刻着花卉、人物的雀替所替代。

后厅柱子下的磉墩造型美观敦实，因为它，才确保木柱子的底部不受地面潮气的侵袭，历经数百年依然坚挺。

后厅明间的串枋上挂有“耆祥”字样的木匾。四百多年前，大明隆庆四年（1570）某日，深澳村热闹非凡。庆贺申屠氏长房本泽太公九十寿诞，寿厅里张灯结彩，一番喜气。寿厅建于十年前的嘉靖三十九年本泽太公八十寿诞之时，这次又装饰一新。而且，桐庐县令吴佐也将借这次机会，来深澳“举乡饮宴”。

“举乡饮宴”是源于周礼“乡饮酒礼”的一种制度，春秋时期已盛行并一直延续。每年地方官府都要举行酒会，邀请年高德劭的民间老者与会，以表敬意，来推行教化。吴县令借祝寿这次之机，到深澳“举乡饮宴”，无疑是全体申屠族人的荣耀。县令还带来了朝廷御史谢巡台赠送给申屠本泽的匾额“耆祥”。耆者，老也。祥者，吉也。耆祥者，老而吉祥也。此盛事被记录在申屠氏的家谱中，还立下“耆祥堂记”碑，作为训示，要求后代“时祀，举吉礼，庆新年，集老幼尊卑于其际，无使彝伦小叙，仪庆森严，和气致祥”。此后，寿厅改称为“耆祥堂”。

堂内天井长6.7米、宽7.2米，沿边用卵石砌了两个方框，方框正中是个有着圆心的大圆。围着大圆是四个小圆，在方框的边上，铺砌了八个半圆。这种以方框和圆组成的图案，意为方正通圆，用来寓意做人要外圆内方，人要正直，做事要通圆，亦符合儒家的要求。同时寓意中间的圆是大房，而边上的小圆等则是其他各房支，齐心合力建设家园。

后进阶沿雕刻，是四百多年前的模样，有百子千孙的海马瑞兽图，有象征长寿的松鹤图，还有“鹿回头”图。鹿有“恋家”习性，不轻易迁徙别的地方，鹿又与“禄”同音，“鹿回头”有受赐俸禄带回家之意。古代外出做官或经商之人，最终都要叶落归根，回返家乡，能受赐返乡即是衣锦还乡之意。这些雕刻才是寿星本泽太公的期盼吧。

从寿厅到耆祥堂，从耆祥堂又到前房厅，不仅仅是名称的变化，实质是它从民居的厅堂，演变成了具有祠堂性质的宗族支祠。它放大了彝伦攸叙、长幼尊卑，从而也使吉祥慈爱之气融入这古建筑之中。前房厅是古朴的明代建筑，与崇尚华丽的清代建筑完美结合体。它蕴含家族团结的观念、外圆内方的为人准则，体现了申屠氏的治家理念，也体现了当地人对美好生活的向往和追求。

荣华堂：十间四厢仗义人

吴满仓

荣华堂（俗称十间四厢）始建于清朝末年，坐落于桐庐县江南镇石泉村（俗称破石头），占地约1200平方米，是典型的晚清徽派建筑。2008年挂牌列入桐庐县文

荣华堂

物保护单位。首任楼主吴可占庠名仁美，字梅先，邑庠生，出身富商之后。民国时期，曾任桐庐县财政科员，桐庐县教育科员，继任窄溪商会总董二任，具有敏锐的政治和商业头脑，为族人留下了巨大的精神和物质财富。

荣华堂所在的石泉村，在富春江南岸，钟灵毓秀的天子岗山麓白鹤峰下，是一个三面环山、一方出入的山村。荣华堂前，天子溪水潺潺流过，后面雄鸡山上青松、翠竹郁郁葱葱。坐西朝东的朝向，坐落于三面环山的自然环境，极符合风水学说。整幢房屋错落有致，很好地解决了大堂屋的采光难题。石墙、青砖黛瓦、马头墙、石条门框符合就地取材的晚清建筑风格、素雅和谐的审美观点。环视屋内，其装饰完全遵循晚清建筑风格，梁枋挂落，各式各样的牛腿木雕无不精制；花鸟虫鱼、飞禽走兽、神话人物无不栩栩如生。天井用青石板铺成，天井里放了两口太平缸，常年盛满水，是当时用来防火的主要设施。

后任楼主吴梅先是一位爱国仗义之人，在抗战时期多次捐款捐物。国民革命军二十八军陶柳将军率部在富春江一带抗战，有一个连的兵力驻扎在十间四厢。民国三十二年（1943），他主动认购“同盟胜利公债”2500大洋，属桐庐认购大户（《桐庐县志》记载）。他还常给百姓捐钱捐物。每年临近春节，他会开展与本村村民以物换物活动，由村民砍一捆柴（大小不限）放在十间四厢的后门口，管家都会给一斗米、三斤肉，这样，既给村民一个面子又帮村民过上一个年。

据说吴梅先与袁世凯亦有交结，有特制金钟为信物。且有袁世凯总统授予石泉村孝子吴道邦匾额“至性过人”为证。

东山书院：谁聚诗书到远孙

范 敏

茆坪是一个文化底蕴十分深厚的古村落，从胡氏宗祠、文安楼、东山书院、王朝门等一批明清古建筑中，我们可以清晰地感受到扑面而来的文化气息，然而，翰墨之气最为浓郁的建筑，莫过于茆坪东山书院，它被当地人称为“进士的摇篮”。

说起东山书院，桐庐芦茨村方楷是一个绕不过去的名字。据民国《桐庐县志》记载，北宋天圣年间，方楷在芦茨村创办了第一所书院，也就是桐庐有史籍记载以来最早的东山书院。

方楷家住芦茨白云村，是宋仁宗天圣八年进士，唐代著名诗人方干的第八世裔孙。方干学富五车，才识过人，可由于缺唇貌丑，终生与功名无缘，然其崇文尚贤的家风，一直影响子孙后代。他的子孙继承先祖好学的遗风，在第八代世孙中开出了花朵。此后150年间，方氏家族共出了18位进士，因此，芦茨村被后人尊称为“十八进士之乡”。这个尊称的取得，东山书院功不可没。

北宋是一个重文轻武的朝代，宋真宗为了劝说读书人好好学习，写过一首《劝学诗》：“富家不用买良田，书中自有千钟粟。安居不用架高堂，书中自有黄金屋……”皇帝把读书看得如此神圣，普通百姓可想而知了，因此，各地州府纷纷修建官学，民间也创办起了书院。

宋仁宗明道二年，考中进士的方楷荣归故里，此时的范仲淹正好谪守睦州，因其对晚唐诗人方干仰慕已久，在重修严先生祠堂之际，特来到芦茨白云村探访先贤的遗迹。

当他看到方干的后裔儒服崇文，不忘先祖遗风时，当即挥毫写下《留题方干处士旧居》一诗赠送方楷：“风雅先生旧隐存，子陵台下白云村。唐朝三百年冠盖，谁聚诗书到远孙。”受范仲淹的影响，方楷在芦茨创办起首家书院，由于书院建造

在芦茨村东面山上，故名“东山书院”。首家东山书院的旧址，在20世纪60年代修建七里泷大坝时，已经被淹没在富春江江底，至今只能停留在想象之中。

东山书院

方楷创办东山书院后，方氏家族又有世孙连续考中进士。随着进士名声的不断鹊起，东山书院也跟着走红。各地的商人、儒生纷纷效仿，在自己的家乡筹资建起了东山书院，至清末年间，桐庐、分水等地共有19家东山书院，茆坪东山书院也应运而生。

茆坪东山书院坐落在茆坪村最南端，它背靠后门山，面朝南坞山，坐东北朝西南，建筑面积360平方米。从外面看上去，它与一般的民宅没有什么区别，马头墙，重檐，硬山顶，然而，门前一块刻有“东山书院”字样的石碑，却让它显得与众不同。

书院是一座三合式结构的两层楼房，共一进三间，四周建有青砖砌成的围墙。走进书院右侧的小木门，可以看见一个用来救火和洗砚的小水池，水池长10米，宽8米，池中蓄有清水，在阳光的照射下，泛着粼粼的波光。水池前面设有一面补风水用的照壁，周围是木制的回廊，柱子上还雕有装饰用的牛腿。

室内为五柱七檩穿梁式结构，中间设有木制的楼梯，格子门窗户，地面由灰泥砖铺就，里面放着桌椅和一些普通农具。二楼有三个房间，柱子上方分别刻有装饰花纹，其中一个房间内摆放着一张雕花的木床，散发着幽幽的古韵。从二楼的窗户看出去，后院还有一口枯竭的水井，周围虽然长满了野草野花，却依然可以想象，当年学子在这里打水的情景。

那么，茆坪东山书院最初是谁创办的，创办时间又是哪一年？想要弄清这个问题，我们还得从茆坪村的历史说起。

据《胡氏家谱》和有关碑文记载：南宋绍兴二年，临安府有一位原籍严州寿昌的吏部左侍郎胡国瑞，因不满朝政的腐败统治，辞官携家眷回到家乡。回乡后的胡国瑞，身居江湖，仍忧国忧民，他在家乡不仅办起了义学，还把自家的田地划出一部分，作为办学经费，让村里的孩子都能免费读书。他的这种行为，在当时叫作“赡土田”，后人称之“义畈”，其子孙后来迁居茆坪村。

依据这段历史，村里的老人有不同的说法。有人说，当年胡氏家族来茆坪村定居，方楷创办的芦茨东山书院，已经是家喻户晓的进士摇篮了，而胡国瑞曾在临安府做过吏部左侍郎，其子孙对教育一定非常重视，因此，他的子孙出资修建东山书院也是情理中的事。

也有人说，茆坪东山书院最初是由胡氏家族和方楷后世子孙联合创办起来的，因为在宋朝，书院一般都为民办学馆，由富商、学者自行筹款建造。胡氏初来乍到，人生地不熟，创办书院如果没有当地名人、学士的帮助，想必是有一定困难的，而与方氏家族共同创办，既节约资金成本，又提升书院知名度，何乐而不为。

还有人说，茆坪东山书院是芦茨东山书院的分院，是由方楷后裔创办起来的，因为当时置学田收租，可以充当书院经费，方氏家族为弘扬书院精神，自然不会忘记近在身旁的茆坪村。

关于茆坪东山书院的创办时间和投资者，众说纷纭。可随着时代的变迁，许多历史已经成为空白。若想解开这个谜团，只能从老一辈村民的想象中去寻找答案。

现在的东山书院，早已不是当初的样子了。它是清末年间，村里一位姓翁的商人重新修建起来的，由于翁氏的后人都去外面定居，东山书院就被搁置起来了。然而，这里的村民历来受耕读家风的影响，对已经废弃的书院，情有独钟。他们自筹资金，一次次改建，一次次修缮，纵然门窗倾斜、楼梯窄陋、桌椅破烂、枯井堵塞，依然没有将它拆毁，而是完好地保存了下来。

历史发展到今天，这座由民间投资创办的书院，已经完成它的历史使命，但在茆坪村民的心目中，它依然是一座受人敬重的书院——因为它的存在，不仅仅只是一座书院，更多的还是茆坪村民崇尚耕读精神的象征。

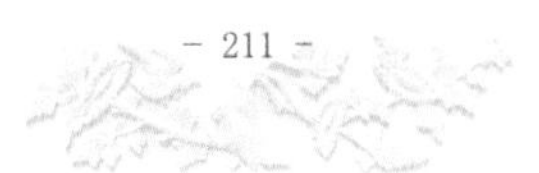

厚载堂：墙体斑驳　文脉厚重

许马尔

厚载堂

厚载堂位于富春江镇石舍村街巷东侧，坐东北朝西南，由两幢主屋、一幢抱屋、两幢附屋组成，总建筑面积604.7平方米，为浙江省文物保护单位。

厚载堂北面主屋建于清朝乾隆年间，南面主屋迟建于北面主屋近100年。

北面主屋与南面主屋共墙，三间两弄，砖木结构，大门临街，门槛高于街面两个台阶，前后二进，中间设天井，门面高大宏伟。大门置通面木质排门，其格局为前店后宅。东北面抱屋依托南北主屋后墙而建，坐南朝北，为三间两厢三合式楼房。

走进厚载堂北面主屋，明厅柱粗梁肥，柱子用材粗实，底座磉鼓精美。观其雕梁画栋之品，精雕细镂，神态各异，栩栩如生。明厅牛腿雕有一对大狮子，脚踩莲花座，左狮或身上，或腹部，或腿旁有四只小狮，而右牛腿大狮身边又依附三只小狮。牛腿上雕刻大狮子和小狮子，因“大狮小狮”与“太师少师”谐音，寓意官运亨通，爵位世袭；而厚载堂两只牛腿上雕有大小九只狮子，寓意九世同居，家大业大。

照厅左右两柱牛腿一为鹤鹿回春，亦称鹤鹿同春。古人称鹿为“仙兽”，神话故事中有寿星骑梅花鹿，鹿与禄同音，鹤与合谐音，故有富贵长寿之意，亦有“六

合同春”之意。另一牛腿雕有天官赐福图案，天官赐福，寿星祝寿，两星同宫。

正中明厅旧为家庭祭祀和重大礼仪之场所。原太师壁设神龛和祖先神位，挂中堂画，两侧并有对联。太师壁前之长条几案、八仙桌、太师椅乃明厅主件，此乃供奉先祖之地，亦是留于已逝先祖之空间，旧俗此乃神圣之地。

厚载堂大门后为矩形天井，与三间明间平行，均用淳安茶园青石板铺筑。天井两侧为厢房，厢房之前有灶间，由天井四周回廊相通。厢楼为单泄水屋顶，组成平面两层楼的内向型四合院。楼梯置于二进明堂两侧。通常为一进的两层住宅，天井位于中央，一层为明堂，天井的两侧是过厢，楼梯设在一侧的过厢中。卧室位于明堂的左右厢房，门窗雕饰图案，精细纤柔，简约明快，左右有别。

厚载堂为硬山式屋顶，是等级比较低又比较经济的屋顶形式，屋面都是使用青瓦，而且也是板瓦，为古代的形制规定所限。

厚载堂特别注重外墙立面的装饰，“宁可内简也要外奢”，这也是当年建造徽派民居人的普遍心态。而且，门面是一户人家贫富的象征，徽派民居都很重视门面的装饰，这是向外人展示自己高贵的门第，以及祖上余荫或自身的优越之处。故厚载堂屋檐用特制的方砖、圆筒砖、长形砖、异形砖等，以五步跳悬伸至墙体以外，这与人的脸面一样，展示出了门第的高贵。

高高的马头墙造型优美，马头墙上的屋檐向上翘起，有飞跃之势，也颇有徽派建筑的特色。

厚载堂最初的主人为方汝谷，字士登，国学生，为方扶九次子，白云派方氏始祖方干第三十一世裔孙。其父杭城为商，家境殷实，方汝谷年少即随继父业，事商贾。其父于石舍已建敬义堂，方汝谷回故乡再建厚载堂。方汝谷对石舍方氏族人也存善于怀，倾其囊，醵其资，倡建了石舍方氏宗祠风雅堂；又捐银两三十金续修家乘，族人莫不抚膺称幸。

“堂屋弗是屋，汝谷弗是谷”，这是十年前厚载堂主人、时年78岁的方敦良老人所言，此语也是方氏家族对先祖景仰之情感。其实方汝谷做生意客居钱塘，就连死后也没有归葬故里，当年他们方家父子于穷乡僻壤，前后构筑敬义、厚载两堂，并不是为了自己居住，主要为了造福子孙，故有“堂屋弗是屋”一说。而“汝谷弗是谷”，不仅是称赞先祖方汝谷非一般之人，更主要的还是旨在教导子孙，怀揣梦想，继承先辈基业，奋发图强，兰桂腾芳，光耀门庭！

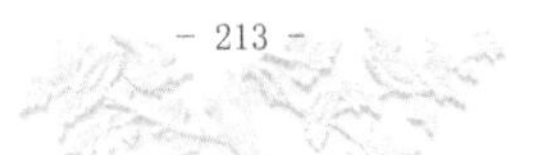

存仁堂：内藏风姿雅韵

许马尔

存仁堂位于富春江镇石舍村南面，坐北朝南，为白云源方氏始祖方干三十二世裔孙方家骥于清乾隆年间所建。方家骥，字德仁，国学生，为方汝楷之子。本地商人方家骥远赴广东等地，以经商故乡之木炭、茶叶而富甲一方，而返乡筑华厦，名曰存仁堂。存仁堂现已列为浙江省文物保护单位。

存仁堂

存仁堂为徽派建筑，总占地面积813.4平方米，屋前明堂开阔。整座建筑由木构柱网承重，单体外墙，内分割为二进三间两弄二层楼房，粉墙黛瓦，双坡硬山顶，马头山墙。如今虽外墙多已斑驳，却如丹青淡剥，花窗漏影，木雕构件，内藏风姿雅韵。

步入存仁堂大门，进深不足两米之处有一石槛，石槛与大门之间为照厅，亦称回堂。旧俗照厅之门平时一般不会开启，平常出入走侧边两门，遇婚礼寿庆或有贵客登门，才开启照厅大门。

照厅后为轿厅，乃乘轿来访者落轿之处。二进中间为三间明厅，此乃主人待客、祭神拜祖场所。明

厅靠后金柱间所置板壁，旧称太师壁。太师壁原有匾额，中堂之匾为“存仁堂”，惜如今壁上仅剩挂勾铁件，其匾额已不存。

明厅两侧为楼梯弄，二楼沿天井四周皆有明窗，前后各有两间正房与一间过道房，采光通风颇佳。旧时二楼为子女用房，年长者一般住在一楼天井两侧厢房，前厅两侧为伙房与餐间，以天井为中心，形成了一个四合式院落。

存仁堂整体构筑沉稳大气，立于天井，晴望蓝天白云，雨观屋檐流水，雨水通过天井四周的水枧流入阴沟，俗称“四水归堂”，意为“肥水不外流”，体现了主人聚财的心理。存仁堂二楼极为开阔，俗称“跑马楼”。

存仁堂天井呈长方形，皆由淳安茶园青石板铺筑，方正大气。据方氏族人介绍，石舍建屋之青石条，由淳安茶园船运至芦茨埠，全靠人力一一从溪滩卵石上拖至石舍，其工程之艰巨，难以想象。

天井置一须弥座，雕琢精美，旧时此须弥座置荷花鱼缸。按古俗“山主贵，水主财”，鱼缸乃催财之物。

太师壁后为东西向长廊，宽三尺余，卵石铺地，长廊西头是通向街巷的偏门，出门便为石舍街巷。长廊东门与两间抱屋连接，抱屋为三间二过厢的砖木结构楼房，据传抱屋晚于主建筑20年所建。

明堂牛腿、琴枋造型美观。堂前一对牛腿雕有图腾式龙首，其琴枋面上一为凤凰，一为麒麟，汉代孔鲋《孔丛子·记问》：“天子布德，将致太平，则麟凤龟龙先为之呈祥。”后来以“龙凤呈祥”指吉庆之事。其余牛腿均以圆雕手法饰有狮子、鹿、如意等物，狮子象征力量，鹿义通“禄”则象征权利，从其雕刻的图案可知，存仁堂主人这是寄希望后人仕途有所建树。这里牛腿中的狮子由大狮子和小狮子组成，大狮小狮即“太师少师”，寓意官运亨通，爵位世袭。

我们信步走进存仁堂时，空荡荡的天井里，只见来者，不见古人。存仁堂随着时光已经老去。其实，从今天展示在我们面前的存仁堂古建筑里，可以得知汇聚了当年行商坐贾囊中那种银两铜钱的碰击声，也交织着乡儒学究的吟哦声。我们的祖先留给后人的是一笔有形或无形的文化遗产，实为一个巨大宝藏。因为每一座古建筑里，都有太多的智慧、启示、经验、鉴戒，值得我们去发掘、提炼、思考、总结。

方明军民居：一个令人难忘的励志故事

许马尔

方明军民居

富春江镇石舍村方明军民居自民国十年（1921）建成，迄今已百年，现为浙江省文物保护单位。

该民居位于石舍村北面，坐东朝西，落地面积260.6平方米，砖木结构，主建筑五柱九檩，双坡硬山顶，马头山墙，为三间两弄两厢三合式楼房。进入大门即为天井，两侧为厢楼，厢楼三柱五檩。南侧建有两幢抱屋，皆为民国建筑。西边抱屋为砖木结构，三柱五檩，双坡硬山顶屋面，一楼木排门，二楼裙板外露。东边抱屋为两开间泥木结构，与主屋左侧后房有门相通，并且有一个石砌的小天井，三柱五檩，双坡硬山顶屋面。

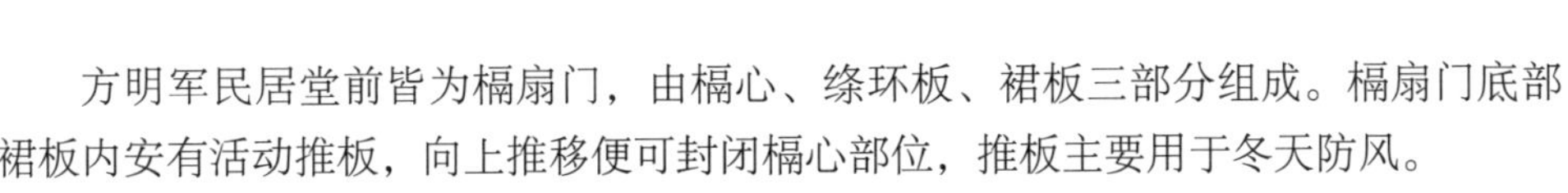

方明军民居堂前皆为槅扇门，由槅心、绦环板、裙板三部分组成。槅扇门底部裙板内安有活动推板，向上推移便可封闭槅心部位，推板主要用于冬天防风。

屋内两只牛腿寓意深刻。一只牛腿上刻有两只小狮子，“狮”与“事”谐音，寓事事如意，这狮子刻得很小，恐怕连小事情也如意。另一只牛腿上有虎像雕饰，而且这个像是披老虎皮的，有虎像守住大门，家里就会四季平安。

前面照墙檐下两只牛腿，分别是“和合两仙”，两个胖胖的仙童，扎着丫角髻，显出欢天喜地的神态，一个高举一朵争芳斗艳的莲花，一个手托一个篾盒子。和合二仙据传是天台国清寺唐朝高僧寒山和拾得，和合二仙意为“和（荷）谐合（盒）好”。民间视他俩情同手足的情意，尊崇为和睦友爱的民间爱神。

方家人说起当年建这幢房子的过程，80多岁的方伦理老人至今记忆犹新。

民间自古有“田多不够败”之说，方氏家族因经商而辉煌一时，后家道中落，而到了方明军的曾祖父士才、士超、士兴仨兄弟时，虽靠编织炭篓为生，却弄得年也难过。到了年夜饭时，兄弟仨围着火盆一边烤火，一边计划着来年新的营生。一开年，兄弟三人说干就干，又打炭篓，又建炭窑，自己烧炭自己卖，没想到生意很顺当，收入也不错。第二年又增加了四五只炭窑，就这样炭窑逐年增加，收入也不断增多，三兄弟赚得盆满钵满。

“一代富先造屋”，桐庐人赚到钱后首先想到的是造房子，锁住风景，盛满闲情，不仅容得下肉身，而且安放得了心灵。而有了钱之后的方氏三兄弟在合计造房子的问题上，各有各的盘算。两个弟弟心想造两幢“容得下肉身”的房子，因为老大肯定住衍庆堂祖屋的，那么新造的两幢房子弟弟们就可以一人分一幢。

而老大要造的房子，必须能够“安放得了心灵”的，他心里想的是“体面”两字，要造一幢上档次的明堂屋。老大发了话，弟弟们说的不算数，造房子用到的石条、石板全到淳安茶园去采，从淳安由水路运到芦茨埠，再靠人力一点点拖进山。最后造起的就是我们今天看到的这幢房子，因为这是衍庆堂分出来的，故这幢房子仍叫衍庆堂。

方家崛起的故事，就是一个很励志的故事，这也印证了桐庐民间大年夜餐桌上那碗“白鲞扣鸡”的民俗寓意。旧时大年夜“白鲞扣鸡”这道菜端上桌时，其鲞头一定要搁在上面醒目之处，因“鲞头”与“想头”谐音，其意就是提示家人开年后大家都要有“想头”，有“想头”才会有“奔头”，有了“奔头”才会有“花头”。按现在的说法就是人需要有梦想，并通过不断刻苦钻研，努力攀登高峰，只有这样，事业才能有所建树，人生才会出彩。

敬义堂：透射儒雅之气

许马尔

敬义堂

富春江镇石舍村的敬义堂，建于清乾隆年间，现为浙江省文物保护单位。

敬义堂占地面积473平方米，坐西朝东，巨石垒墙基，青砖砌高墙，黛瓦覆屋面，两侧山墙高出屋面，双坡硬山顶，马头墙耸立，前为高墙，门楼可容驷马。

敬义堂，为三间两弄建筑。外观规矩，中轴对称，结构严谨，雕镂精湛。大门用硕大青石为框，且注重门面装饰，两侧上方素面上色，绘有梁架与云纹花草等图案。敬义堂门楣书有篆体“福履绥之”四字，此语出自《诗·周南·樛木》：“乐只君子，福履绥之。”福履即福禄，绥即安，福禄自然要慰安也。

步入敬义堂，首先见到的是与三间明厅平行的矩形天井。天井为茶园青石板铺筑，板材巨大，做工考究，方正而大气。天井两侧为厢楼，用三柱五檩，为单泄水屋顶的廊房形式，其门窗所雕饰的图案简约明快，精细纤柔，组成平面两层楼的内向型三合院。

明间三间，用前后双步内五架梁，次、梢（楼梯弄）间用五柱九檩，粗柱肥梁，而且柱子均为等截面柱，做工考究精细。明间中间大堂高悬“敬义堂”匾额一

块，匾额下方为两只雕刻精美的螭龙匾托。敬义堂这块匾额乃主人有心藏匿，才逃过当年之劫。前厅两侧梢间，即楼梯弄，各有一张登上一进二楼的楼梯。

敬义堂建筑格局完整，明厅不仅用料考究，而且梁枋、雀替、牛腿之雕刻也惟妙惟肖，融古雅、简洁、富丽于一体，十分精美。中厅两只牛腿上皆雕有蝙蝠等图案，其中一只牛腿雕有四只蝙蝠，并在琴枋面雕一“福”字，此乃“五福临门”。“蝙蝠”寓“遍福”，也象征幸福如意或幸福延绵无边等意。

明厅次间的牛腿上分别为寿与喜图案，四只牛腿的雕刻图案合起来寓意福禄寿喜。福禄寿喜是中华民族自古以来的吉祥词汇，寄托了人们对生活最美好的祝愿。而且以花卉造型隐喻花开富贵、官运亨通，以果实造型隐喻多子多福、子孙兴旺等。

后天井与前天井大小相似，两侧亦为厢楼，二柱五檩，亦为单泻水式硬山顶。后进三间两弄，明间为三柱七檩，双坡硬山顶。前厅后堂，二进明间中为大堂，门面较阔，左右为塾室，两侧梢间为楼梯弄，后室为厨间，二进为四合式院落。

敬义堂主人方启祥，字扶九，当年以经营柴炭与茶叶生意为主，并且客居杭州。后来德建名立、业广功崇。家境十分殷实后，于乾隆年间择崇山峻岭世居之地，筑其广厦，名曰敬义堂。

前朝旧事，随水流去。敬义堂历时300年左右，虽墙壁斑驳，尽显沧桑，然而今之后裔，时时犹唱敬义遗曲。敬义堂还是一幢文脉传承、遗韵流芳的古民居。主人方启祥其长子方汝槐为黉门监生，即当时的国子监生员；次子方汝谷又是国学生，而且方启祥的孙辈、曾孙辈也是国学生、府学生等，可以说敬义堂内文人层出不穷。

2016年春天，一次偶然机会，上海画家金珏琦先生邂逅石舍村，并且走进了敬义堂。他觉得画作留在石舍，比挂在他上海的画室墙上更为合适。于是，对石舍的迷恋上了瘾，时不时来到石舍古村闲逛、写生，随之创作出了一大批以石舍为主题的作品，不少作品还参加了国内与国际水彩画大展。

如今画家金珏琦先生已在敬义堂落户，租期为20年，并在敬义堂办起了舍庐艺术馆。金珏琦先生通过他的水彩画为敬义堂再添异彩！

嘉欣园：富春江畔名庄园

缪建民

嘉欣园，坐落于富春江镇俞赵村，三面环山，一条小溪临门而过。占地面积100余亩。主建筑五间三进，前一、二进之间建有卷棚顶回廊，雕刻精美，人物花鸟栩栩如生。

嘉欣园整体建筑，体现中西建筑文化相结合之风格。左有偏房五间，长工房八间，主房后是一排作坊，当年在这里酿造米酒、酱油、豆腐等。

嘉欣园为俞赵村当时的富商俞英耀建造的私人庄园，据说它的设计和建造与清末名人康有为有关，现为省级重点文物保护单位。

俞英耀（1871—1937），字子联，俞赵人。造庄园时，俞英耀任桐庐县商会会长，人称“子联店王”，在桐庐拥有绸缎庄、布店、南货食品店多处产业。他首创桐杭轮船公司，并任董事长。俞英耀平生喜欢书画，亦颇有功底，好结交文人墨客，有“儒商”之称。1895年，湖

嘉欣园

广总督张之洞在上海发起“强学会”募捐活动，康有为当时也在上海为“强学会”助阵。当年俞英耀在沪，得悉募捐活动后便积极响应，当即捐出三百大洋，震惊在场名士。有好事者将这事报告给总督张之洞，由张将俞英耀引荐给康有为，由此二人结为好友。

嘉欣园的台门上，镌有康有为亲笔题写的“嘉欣园”三个大字。俞英耀还把康有为题写的“嘉欣园”制作成一块大木匾，悬挂在庄园大门上。木匾现已一分为二，一半流落在民间，一半为桐庐县博物馆收藏。县博物馆收藏的半块匾额，边上的落款很清晰：“俞君子联好行其德，晚筑园百余亩，杂植嘉花美木以自娱，乙酉三月南海康有为题。”据说，康有为是根据《诗经·大雅》中“嘉乐君子，显显令德”，取堂名为“嘉乐园”。继而又根据《楚辞·九歌》中“君欣欣兮乐康”之句，取园名为“嘉欣园”。他把堂名“嘉乐园”和园名“嘉欣园”一起写好后邮寄给俞英耀。时至1920年，俞英耀在上海做生意，并买六合彩连中三个头奖，再遇康有为，俞英耀特邀请康赴桐庐商建“嘉欣园”。康有为到桐庐后，俞陪康有为到严子陵钓台游玩，回归时走到俞赵村口时，康有为见路边有一座山，脉势雄奇，便问此山名。俞英耀道：“凤凰山。”康听了后不由暗暗吃惊，原来在维新变法之前，康曾占卦，说他一生动荡，不会老死在家乡，却会埋骨于“凤凰山”山麓。康有为当即要俞英耀陪他细细踏勘凤凰山。凤凰山山势恰如凤凰展翅，康有为越看兴趣越浓，俞英耀一语双关地说：“有凤来仪。”康有为听后哈哈大笑，说此处为风水绝佳之地，他年作古，欲将自己埋骨于凤凰山。

因此，康有为便力劝俞英耀速造庄园，并为规划设计倾力为之。康有为早年接受过西洋教育，对西洋建筑十分钟情。规划中，他将庄园设计为中西结合风格，还建议俞英耀去杭州看看胡庆余堂的建筑风格，希望建成“渔山樵水”之庄园。

1921年始，俞英耀在俞赵村的秀峰山下大兴土木，开园整地，建亭筑坝，造石桥。历时三年，于1924年秋竣工。

康有为曾特意画了一幅嘉欣园规划设计图。图上方为秀峰山岭，右边为凤凰山。秀峰山麓是农庄，农庄下面是嘉欣园的主建筑。庄园前是一条小溪，小溪周围是俞赵村民居，最前面是美丽的富春江，图左边是康有为写的“嘉欣园记”。此图后来被俞英耀当作珍宝一样收藏，可惜此图在“文化大革命”期间遗失。

时代变迁，嘉欣园亦命途多舛。1951年被征收，为严陵区政府所用，后撤区改乡，又为乡政府所用。1958年，乡政府搬出，为俞赵小学。1984年小学搬出，又改为校办工厂。后校办工厂迁走，空至2004年，由当地政府出资维修。近年，嘉欣园由富春江镇政府改为廉政教育馆对外开放。

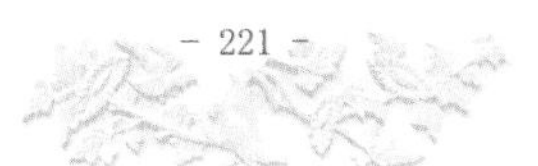

绍德堂：成功人士的自保桥段

黄水晶

江南镇环溪村绍德堂坐落于尚志堂南约百来米处，坐东朝西，砖木结构，三间二弄二进。主屋东西长18.16米、南北宽14.40米，占地面积261.50平方米。绍德堂回绕中间大天井布局，南北墙顶上分别砌有防火码头。

绍德堂

绍德堂建于清朝光绪年间（1875—1908），房子的建造人是周彩文。周彩文出生于清道光七年（1827），长大后，因为长年在外经商，攒下了不少钱。到了该颐养天年的时候，他就回家兴建了这座绍德堂。

绍德堂大门朝西，门上题有“双溪草堂”门额。双溪是环溪村的两条溪，草堂是自谦之辞，指的就是绍德堂。绍德堂大门正对着崇道堂东门外的门廊。

绍德堂朝西大门外置有3个石阶。贴墙置有一个长5.20米、宽1.70米的下沉式天井，

天井不与大门对称，它的重心在北侧。天井南，建有一处类似厢房的建筑，内挂“善居三有”匾额。据当地村民说，这“三有”是指“福、禄、寿”。天井北面是一个门楼，起初门楼大门是朝北边开的，后来家人将门改建到门楼的东北角上。这门位置虽然逼仄，可做工考究，大门上镶嵌有“锺祥凝瑞”门额。锺祥，是得福的意思；凝瑞，指聚拢瑞气，喻住这里的人家，喜居宝地，家宅兴旺，好事一件接着一件。另外，门额上头还做有挡雨的门楣。

绍德堂西大门内，是为一进。进深三柱九檩，8.23米，两坡硬山顶。一进门厅，南北相距4.20米，东西进深1.80米。南北两边分别置有两扇边门。大门东边第二对柱子之间的石门槛上，装有6扇木屏门。屏门东边是为一进明堂。明堂进深三柱，6.43米，南北间距4.20米。明堂临近天井边的柱子，刚好成为两边用屋的转角支柱。明堂两边用屋，进深三柱，4.80米。楼梯是贴着西墙上下的，南屋朝北，北屋朝南。

一进明堂东是天井。天井南北长5.20米，东西宽2.23米，高度与一进齐平。水沟上齐整覆盖着备用石板。天井两边须弥座上，摆放有两只太平缸。天井两边留有1米多宽的过道。两边厢楼，进深二柱，3米，两坡硬山顶。楼下厢房与一进用屋直接连接在一起。天井周边的门窗，窗花都是七巧板拼接形式，窗户的中间还都镶嵌着玻璃。门窗上头，都装饰着横向的长条方格子花板。天井四周，牛腿、抬梁、窗户、小件等雕刻精美。二楼窗户、小牛腿等构件，制作相对朴素简洁。

绍德堂二进，高出一进一个台阶。靠天井一边，留有1米多宽的过道，两头开有龙虎门。过道南门连着一个院子，过道北门直达道路。北门上头，题有“耕读传家”门额。二进进深五柱七檩，7.60米，屋面两坡硬山顶。

二进明堂东西长5.85米，南北宽4.55米。西面太师壁上头，高挂着“绍德堂”堂匾。“绍”是连接、继承的意思，“德”是特指美好的道德品行。明堂两边为用屋。两边贴墙处，分别布有由西向东的楼梯。明堂太师壁后面是后堂。

绍德堂是一座有着浓郁中国传统文化的房子。整座房子，以不同的功用分块，高低大小，虚实显藏，一招一式尽显东方建筑美学。“迎来送往”在大厅里与大门口进行，堂匾与门额展现屋主人进取大气的格局；天井边那些让人眼花缭乱的雕刻，诸如麻姑献桃、寿星骑鹿、财神骑虎、龙凤呈祥、观音送子等，展现了屋主人的追求、爱好与情趣，表达的是主人对福、禄、寿的期盼。要说绍德堂的败笔，那就是房子朝向的选择，感觉到这一百多年来屋主人一直在为寻找出路而纠结。

忠孝台门：华氏在凤川的遗存

三 山

忠孝门

忠孝台门，位于凤川翙岗古街西侧，从老街北进入，行不多远就可在街右侧见到这座独特的台门。说是独特，不同于本地民居建筑内，牛腿梁枋及门窗槅扇之木雕，忠孝台门在4米多开间的大门三边以砖雕做成整个门罩，特别醒目。

整座台门以5厘米厚、15厘米宽、28厘米长的柴烧青砖为材料砌成。门额勾线阳刻“忠孝门”三个篆书大字；门框左右分别刻篆字对联“东晋忠臣裔”“南齐孝子家”；门额下为四匹马图案，或仰首嘶鸣，或回首顾盼，或悠闲观望，或奋蹄疾驰。马的形态不同，但都栩栩如生，且前行方向一致。又饰以花草云山纹，画面生动而丰富。门额三个大字前后还另有小字，是四行和两行分列直排阴刻行楷：“严陵华氏素传忠孝/及余与皖翁交验而/盍信故即旧所称者/額其门以垂不朽/翰林院年家眷弟卢琦为/国子监同学友人华本灏立。”从对联内容推断，忠孝门传承的应该是华氏忠孝文化，可追溯到南齐孝子华宝。

华宝生于东晋，长于刘宋，卒于南齐，身历三朝。他的父亲华豪于东晋义熙末年被征戍守长安，当时华宝只有八岁。父亲临行前嘱咐他：“我如果能生还归来，一定亲自为你行冠礼，为你娶妇成家。”后来长安被攻破，华豪不幸殉难。华宝信守父亲的约定，一直到七十岁仍不冠不婚。每当有人问起原委，华宝总是号啕大哭不忍作答。华宝寿终于惠山，卒后无子，以弟弟华宽的次子华悫为后。南齐建元三年（481），齐高帝御赐华宝故宅“孝子第”匾额，此事载于《南齐书》。因此，华豪、华宝父子两人一是为国尽忠，一是对父尽孝，成为后人楷模，此后华氏后裔便以忠孝为家风。这些门额相关内容文字，是卢琦为华本灏所立。

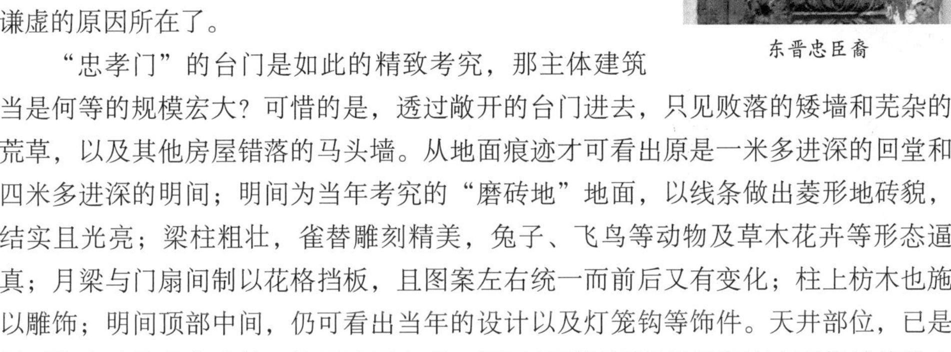

东晋忠臣裔

卢琦的身份在这里只有“翰林院”三字，如同华本灏仅“国子监”一样，但两人关系比较明确，为“翰林院年家眷弟”“国子监同学友人”。“翰林院”自隋唐时期发轫，到明代成为外朝官署。“国子监”是中国古代教育管理机关和最高学府，西晋晋武帝咸宁四年(278)初立，到清末改革学制设学部裁废。从中或许可看出华本灏和卢琦的身份区别，或许也是华请卢题额，而卢行文谦虚的原因所在了。

“忠孝门”的台门是如此的精致考究，那主体建筑当是何等的规模宏大？可惜的是，透过敞开的台门进去，只见败落的矮墙和芜杂的荒草，以及其他房屋错落的马头墙。从地面痕迹才可看出原是一米多进深的回堂和四米多进深的明间；明间为当年考究的“磨砖地”地面，以线条做出菱形地砖貌，结实且光亮；梁柱粗壮，雀替雕刻精美，兔子、飞鸟等动物及草木花卉等形态逼真；月梁与门扇间制以花格挡板，且图案左右统一而前后又有变化；柱上枋木也施以雕饰；明间顶部中间，仍可看出当年的设计以及灯笼钩等饰件。天井部位，已是用石块垒建的其他建筑，拨开地面杂草，还可看到以近50厘米宽度青石板铺筑的大约2米开间、3米进深的天井轮廓，以及不远处的一个残缺的石柱础。

据台门当年这屋主的后人、一位满头白发的老太太介绍，从前她家老祖宗住在京城，积下银子回老家来造屋。当年的宅子规模比较大，有三进，后面还有后花园，配有荷塘、凉亭、秋千等；门墙、天井、厅堂，远胜出当地一般民居；其建筑用料和雕刻装饰也非常精美考究，远超许多有身份的大户人家。因为房子太豪华奢侈，被人以“越制”的罪名向上举报。因那时等级观念所限，连衣着服饰、婚丧礼仪、房屋建筑等都有严格规定和限制，若超越身份等级便是犯上之罪。幸亏老祖宗事先得到了消息，采取了补救措施，用烟熏建筑构件等方法才逃过一劫。但后来，又遭兵乱，大部分房屋被烧，如今只空留一台门，让人们浮想联翩……

肖园：富春江上唯一名园

王樟松

肖园

“从桐庐县北门出去大约十里路处，有一个嘈杂的市场叫旧县，是以前县政府所在的地方。旧县面水背山，街市错落，看上去人声喧嚷，尘土飞扬。才走了没多远，忽然看见有高峻壮丽的台榭和茂盛的树林。那树木茂盛、幽深秀丽、蜿蜒在山脚和水岸间的就是罗氏的别业‘肖园’。”

光绪十五年（1889）夏日的一个傍晚，应肖园主人罗灿麟的邀请，桐庐教育局局长高鹏年与邢镜祥、张哲炳、袁锡恩、陈培之等一帮县内文化名流齐聚肖园的“宝华厅”。尔后，在主人的引导下，出“随花门”参观建成不

久的园林。他们过“龙泉涧”右转而上，到了“飞霞阁”。再往上走，就是“贯虹舫”。往左登上“可宜楼”，转过“攀桂处”，进入“葫芦门”，接着进入“避暑居”。从旁边行走，斜着上去，拾级而上，就有“尺木轩”在那里。这座占地约十余亩的私家花园建成于光绪初年，园子主人对建筑颇有研究，它依势起楼，随岩构亭，遇下凿池，临水度榭，曲径通幽。园中有三十多处楼、堂、阁、轩、亭等建筑，让所有参观者目不暇接。“尺木轩”坐落在山顶，站在楼上，眺望远方，山川、城邑、风帆、沙鸟历历在目，让人有超然于尘世之外的想法。

晚上，主人设宴招待大家。文人相聚除了喝酒聊天之外，自然少不了谈诗，没有诗佐酒自然就少了份“雅”趣。罗灿麟提议成立个“消寒诗社”，定期聚会，作诗吟咏。

在众人的谦让中，身为教育局长的高鹏年乘着酒兴吟道：

旧邑溪山入画图，置身浑似在蓬壶。
达夫十载前来此，依旧今吾即故吾。

诗人既赞美旧县风景如画，又感叹自己在桐庐为官十年没有得到提拔，还是在像蓬莱仙境一样的肖园吟诗作赋好啊！

诗社有个约定，席间依次吟咏，接不上的话，得罚酒三杯。邢镜祥不是不会喝酒，但作为有“身份”的贡生，他接着高局长的话题唱道：

居然眼前即蓬莱，顿使心花怒放开。
酒国逍遥春不老，几生修得能重来。

后来，分水有个叫臧承宣的才子也常应邀参加他们的“雅集”。这期间，他写了一篇《肖园记》。文章对肖园景致赞不绝口，但他对这种聚会不以为然，他认为“花晨月夕，我们常常一起游览，吟诗、喝酒、谈笑，习以为常，只是不知道人生中能有几回这样的乐趣。如今，海外国家侵略中国，横行霸道，欧美国家的腥膻气焰充塞了中华。凭主人您的才能竟然高卧在肖园，能与人同乐，难道就不能与人同忧吗？把时势转弱为强，也在于人的选择罢了。希望主人振奋活泼的精神，发表政策思想，选新华夏。有如此美好的园子来保佑这个种族将来一起登上春台。他日，主人您功成身退，再以肖园作为娱老之乡，乐事应当比今日多一百倍！”

罗灿麟看了《肖园记》后，觉得臧承宣说得在理。清朝摇摇欲坠，国将不国，自己应该为民族民生做点事。宣统二年（1910）他出任浙江省咨议局议员，并秘密加入了同盟会。

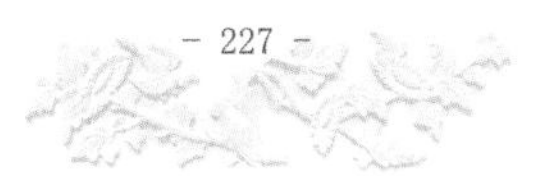

1911年10月，桐庐光复。县内绅民公推罗灿麟为民事长，于是他当上了民国桐庐第一个“父母官”。1912年5月，他调淳安县做知事。当时淳安草寇盗匪甚多，居住在边远地区的山民，甚至种植罂粟。为清除罂粟与匪患，罗灿麟每次亲自率领人马下乡“调研”，严令军队不许骚扰乡村百姓，对其他农作物不得有秋毫之犯。一日，罗知事听说有一个警长办案时，另外向百姓索钱财，罗灿麟立即下令予以严惩，由此民心安定，百姓拥护。

叶浅予先生的第一任妻子叫罗彩云，就是肖园罗家大院的小姐。作为罗家女婿，对肖园自然再熟悉不过了。后来，他与周天放合著了《富春江游览志》，称肖园为“富春江上唯一名园”。

抗日战争爆发，日军进驻旧县，肖园在铁蹄下成了马厩。1949年后，“打土豪，分田地”，园林自然是贫苦农民的了。肖园几经磨难，已是面目全非，现在只剩下尺木轩一株古樟，孤零零地诉说着昨日的辉煌。2010年9月，诗人王金虎看中了这块宝地，花钱对其中的一幢民房进行了近一年的装修，在这里成立了浙江诗人之家创作基地和浙江民工文学桐庐创作基地。2014年的金秋十月，九十高龄的诗坛泰斗贺敬之，千里迢迢从北京赶到旧县为“富春诗院”（原“民工诗人之家”）揭牌时，我想起了他《回延安》中的诗句：

心口呀/莫要/这么厉害地跳，
灰尘呀/莫把/我眼睛挡住了……
手抓黄土/我不放，
紧紧儿贴在/心窝上。

走出肖园旧址，更多的是让人沉思，后人并没有珍惜往日的文明，并没有在乎祖辈们留下的遗迹。拆老宅建新房，一种断层，一种遗弃，一种对祖辈的冷漠！我们没能抓住“黄土”，只能把这份记忆“贴在”心窝上了。

枕善堂：枕善而居心自安

黄水晶

凤川竹筒坞枕善堂是李阿太光豪在竹筒坞村建造的第三座堂头屋。这房子是李光豪为他的三儿子李国令建造的。

枕善堂

枕善堂坐落在阿太屋东北一侧，因为后山在这里朝北凹进去了，枕善堂才得以退后了约20米的距离，这才为三房日后在房子前面建造敬业堂留出大院子，以至于在老街边建造大门楼提供了空间。

枕善堂三间两弄两进，坐北朝南，东西宽13.40米、南北长17.30米，面积是231.82平方米。

枕善堂一进面阔13.40米，进深三柱七檩，6.20米，两坡硬山顶。门厅东西长4.30米，南北深1.60米。屏门下用的是木地槛，屏门北是为前明堂，进深4.55米。屏门面北的主位上方，挂有“怡养居”匾额。怡，和悦的样子，意思是说这儿是一处开心过日子的居所。明堂两边为进深4.50米的居家用屋。现在村里搞开发，两边板壁已拆除。两边靠墙边的板壁后，布有由北向南走向的木楼梯。明堂边口有1.15米宽的过道，西边开有边门。

一进北是一口下沉式天井，东西长6.05米、南北宽3.20米。天井里须弥座上摆放着两只太平缸。为便于行走，天井靠北边摆放着一根长方形石条，以作台阶之用。天井两边留有1米多宽的过道。两侧厢楼为重檐，两坡硬山顶。

二进高出一进0.15米，进深五柱七檩，7.60米，重檐，两坡硬山顶。二进靠天井一边，留有1.15米宽的过道，上置花格平顶檐廊。过道东头，开有边门，连接外边小路。上明堂东西宽4.50米，南北深5.75米。朝东屏门主位上方挂着“枕善堂”匾额。枕善，即“枕善而居，守善不移”的意思。匾额下方，挂着屋主人的几位先祖画像。屏门后是2米深的后堂。

屋主人李国令生有文瑀、文瑃、文鑑三个儿子。老二文瑃因为过继给了老七李国桢，跟了李国令住进“枕善堂”的是文瑀、文鑑。李国令是个很有作为的人，他年纪轻轻就做了村里负责人。自他一家入住“枕善堂”后，几经努力，很快将大门南边的一大片土地圆到自己的名下，没多久，他就在“枕善堂”朝南方向，向外扩展了一进二厢房子。如此，“枕善堂”一下就变成三间三进两弄的房子了。

新建的房子开间与老房子一样宽，南北进深为7.80米，面积为104.52平方米。新建的一进房子跟老房子拼接得很是巧妙：房子骑靠老房子东墙，老房子的大门刚好从天井中轴串出来。天井的东西长度与老房子里的天井长度一样，南北宽却只有1.25米。天井与四周齐平。天井两边水沟较宽，各自为0.80米，南边水沟只有0.25米。天井两边的过道宽1.15米。为使这过道具有连通的意义，他们特在老墙上开出两扇上头为拱形的边门。东西厢房是边长为2.50米的正方形。厢楼为重檐，两坡硬山顶。天井四周围着的都是花格子门窗。牛腿雕花也很精美。

天井南面是一进正屋，南北进深四柱，4.70米，东西宽3.80米。两边是用屋。东西两边靠墙处，是由南而北向的楼梯。由北而南，明堂的第三对柱子之间做有屏门，上方面北挂着“敬业堂”匾额。李国令想借这“敬业”两字告诉他的后人，唯有对自己从事的工作全心全意，才是事业取得成功的途径。屏门南面是进深1.60米的门厅。

从新屋大门往南，迈下3个石台阶，是一个面积55平方米的院子。回头看“敬业堂”的门面，做得还真是风光：厚重的石框大门上，写着端庄的“瑞气盈庭”门额。字上头外凸的门楣与墙顶伸展出来的屋檐，一长一短，搭配得很是协调。大门两边对称的窗户，上面圆对圆，下面方对方，似乎在述说着中国人天圆地方的宇宙观。东西墙头上建有跳跃式的码头。屋角屋檐下，悬挂着造型别致的庠斗，风水学上把这玩意儿称作“眼”，说它具有吸财纳气之功效。大院子南边还建有一个面积为67.62平方米的门楼。门楼外就是“田里门口”老街了。

资善堂：秀气简朴之堂

周国文

资善堂

资善堂，位于江南镇深澳古村后居弄中段东侧，由申屠氏七房族人建于清乾隆年间。建筑坐东北朝西南，占地面积242.5平方米，由前厅、厢房、后堂组成四合式二层楼房，为三间二弄二进，砖石木结构，马头墙，双坡硬山顶。三合土地面。资善堂于2011年被公布为桐庐县第四批县级文物保护单位。2017年1月纳入深澳建筑群，列入浙江省第七批省级文物保护单位。

资善堂

资善堂前进面宽三间两弄，青石质条石大门和屏门，屏门平时只开中间一扇门，有贵客或办大事时屏门才全开。条石门槛门枕，明间有回堂，置有高石槛。明间用三柱五檩，施月梁；次间用二柱五檩，施扁作梁；后檐廊两侧开边门，檐柱用牛腿、斗拱；天井用青石板铺设，四周用长条阶沿石。

天井两侧为厢楼，重檐。后进面宽三间二弄，置前檐廊，檐廊两侧各有边门。后进明、次间均用五柱七檩，明间施月梁，次间施扁作梁，造型古朴规整。建筑内斗拱牛腿的造型和使用较有特色。其斗拱、牛腿构件相比其他建筑有所不同，简洁而造型流畅，显出原始牛腿的风貌。从其使用上亦可看出，这类牛腿不仅是装饰，还起着主要的承重作用，从中能发现牛腿在古代建筑中应用变化的过程。

资善堂的门窗雕刻纹饰是资善堂建筑造型的组成部分，格扇窗做法简洁朴实，牢固大方。雕刻纹饰题材以草木花卉、山水景观为主，与整个建筑一样，显得典雅秀气。

资善堂的天井，较其他建筑的天井略小些，5米×3.5米，起着采光、通风和收集排泄雨水的作用。天井四周的楼房采用重檐，上下对齐，不仅有利于遮蔽风雨，还增加了视觉上的层次感。下雨天，雨水从屋檐上落在天井里，经四周的明沟排入阴沟，有两处用石头雕刻、保存完好的出水口，随村中的水系排出村外。

据说清代咸丰年间，长毛来到村里，所到之处烧杀抢掠，无恶不作，整个村庄被搅得鸡犬不宁。资善堂左面正间和厢房门窗就是被长毛拆下在天井焚烧了，天井的石板也被火烧开裂，2016年间深澳古村落被开发时，这些门窗才得以维修。但因为工艺水平不够，维修后的门窗仅为窗格式，无复杂的雕刻纹饰，与右边显得很不对称。

据现在的主人介绍，资善堂最多时住过六户人家。

文安楼：桐庐的“江南第一农居”

余守贞

坐落在富春江镇芦茨茆坪村的文安楼，曾被清末名士康有为和一代美术宗师叶浅予誉为“江南第一农居”。2003年初，桐庐县人民政府将文安楼列为县级文物保护单位。

“文安楼”的称谓，意在纪念楼主胡氏源出湖南文安。

楼主胡儒艺，虽出身官宦之后，但他避开仕途，定居桐庐茆坪村，以经营竹木柴炭等山货为生。辛勤奔波，家境渐趋殷实，遂倾其所有请来东阳建筑师建造此楼。自1922年动工至1925年告成，费时三载，耗资3万多银圆，可谓备尝艰辛。胡氏大概不曾想到，历史因这一楼房记下了他的名字，成为他一生中重要的一笔。

茆坪村地理位置偏僻且隐蔽，利于古建筑保护。文安楼占地面积520平方米，建筑颇具规模。整座房屋呈长方形布局，东西窄，南北长。青砖黛瓦，风火墙。五开间两厢两进，前厅后堂。东南面的楼上开墙向外建有望月台，宅院四周筑有青砖围墙。

文安楼

文安楼建筑

的风格特色，使我们可以探溯到晚清建筑在审美、实用和科学等方面的有机统一。

文安楼中西结合的建筑特色，确实让人赞叹。石条制作的门框外墙上，以贴塑的手法构筑有一牌式大门。巧妙的构思，典雅别致，既像牌坊，又似城楼。上面既有工匠用水泥制作的“双龙抱珠”，又有书法家的题字，一曰“居贞吉”，二曰“派衍文安”。前者取《易经》中“居贞吉祥”之义，是一种对理想人格的追求。楼主谕勉子孙后代洁身自好，不与浊流同污，以保平安吉祥；后者的意思是不忘祖出文安。这一别出心裁的牌式大门既源于徽派建筑，又融入了西方建筑工艺，令人震撼。

巡视屋内，其装饰完全依循晚清建筑风格。梁枋挂落，雀替牛腿，木雕无不精致。花鸟虫鱼、神话人物无不栩栩如生。为弥补窗户偏小采光不足的缺憾，建筑略微缩小了一进的进深，将天井稍加扩大。天井用青石板铺成，这一小一大之间便有了相得益彰的契合。从天井折射进来的阳光，给室内带来更多的光亮，也给雕花装饰蒙上一层轻纱，平添了一种朦胧、宁静、和谐、温馨的感觉。前后堂的排水系统科学地解决了地面排水问题。

文安楼的内在情韵，多半在望月台。

文安楼因为有文化，艺术大师对它顾盼有加，使之成为县内古民居中的佼佼者。

一位是康有为。康先生与文安楼的渊源传说甚多，其中最富传奇色彩的是，“戊戌变法”失败以后，康先生辗转各地，曾逃难至此，还携带一只装有名家字画及珍贵文物的“百宝箱”赠送楼主。既为传说，就缺少实据，经不起推敲。康先生卒于1927年，文安楼落成于1925年，康先生在该楼建成两年后就去世了。1911年辛亥革命把皇帝拉下了马，民主共和时期的20世纪20年代，康先生何须逃难？这一传说在逻辑上讲不通，故只能存疑。较为可靠的解释应该是1926年前后，康有为生病，受到楼主邀请，曾来此楼休息养病。幽静的生态环境、甘甜的新鲜空气，加之主人的盛情款待，使他安心住下，在望月台上展卷卧读、吟诗泼墨，一住就是数月。那么，楼主与康有为是什么关系呢？不得而知。

另一位是叶浅予，他回故乡活动的时间主要在20世纪80年代后期和90年代，此时文安楼已物归原主。叶老每次回桐庐都要到文安楼看看，有时还带学生登望月台写生作画。他和楼主之子、现已年届八旬的胡宗陶留下的许多珍贵合影，将成为老画家与文安楼特殊情缘的历史见证。

谢晋等不少影视导演，均看中茆坪村和文安楼的古色古香，选择它拍一些历史题材的影片。这些大师的光顾，为文安楼平添了人文光辉。

李国松民居：强强组合的杰作

黄水晶

李国松民居

凤川竹筒坞村“二进头”老屋，坐落在五房堂头屋的东北边。具体位置，是在“六房用屋”的东北边。

“二进头”老屋是一座三间二弄二进堂头屋，坐北朝南，“回”字形类型。

依照阿太李光豪原来定下的建房分房次序，“二进头”老屋轮到六房李国任，“二进头”东边房子轮到老四李国企。这次他们强强联手，一开始就与家族里说好：“二进头”堂头屋他们两兄弟一人一半，西边一半归六房，东边一半归四房；东边要建造的“五间三厢”堂头屋也一人一半，北头一半归六房，南面一半归四房。李光豪与他的其他儿子对此没有意见。如此“二进头”堂头屋首先在选中的地基上开建了。

“二进头”老屋是一座徽派建筑。南头大门外，置有一个长方形院落。院落东西长14.10米、南北宽4.50米，占地面积63.45平方米。院落西边是六房用屋开出来的大门；六房用屋，东西长8.80米、南北深16.05米，面积为141.24平方米。东边是“五间三厢”堂头屋四房开出来的大门。

院子的南面筑有很高的围墙，墙顶做有厚实的屋檐。围墙正中，有大门连通南大街。

“二进头”正屋，东西宽14.10米、南北长25.60米，面积为360.96平方米。外加西南面的用屋面积141.24平方米，总面积达502.20平方米。

“二进头”正大门，石条框架厚重，大门上头镶嵌着门额。一进进深五柱七檩，8米，两坡硬山顶。门厅东西长4.20米，南北宽1.75米。石门槛上布有六道木屏门。门厅东西，分别置有边门。屏门北边明堂，东西长4.20米、南北进深6.45米。明堂两边为用屋，进深二柱，3.50米。东西靠墙处，置有北南向的楼梯。

一进北有个沉降式大天井。东西长5.10米、南北宽3.30米，露天部分低于一进一个台阶。天井里置有两只太平缸。天井两边留有1.15米宽的过道。两侧厢楼为走马楼，进深二柱，3.1米，重檐，两坡硬山顶。天井四周牛腿、门窗、雀替、拱托等构件，雕刻细碎，装饰精美。

二进高出一进0.17米。靠近天井一侧，留有2.30米宽的过道。过道顶置有花格平顶前檐廊。过道两头分别开有边门。西门连通巷子，东门为东边房子的通道。

二进进深九檩，8.15米，两坡硬山顶。明堂东西宽4.20米、南北深7.75米，由南而北，第五柱之间置有屏门。屏门朝南一侧，摆有搁几与八仙桌等物件。屏门上方，挂有“禧善堂”匾额。“禧善”就是一切都好的意思。明堂两边用屋，进深二柱，3.50米。东西靠墙处，分别置有由南而北的楼梯。明堂屏门后，是为进深1.20米的后堂。北墙上没有开后门。

李国企有文琇、文琼、文瑗、文佩四个儿子，文琼早逝，他家刚好还有四个户头。这“二进头”东边的房子与东边“五间三厢”南边房子里，置有四张楼梯，刚好住四户人家。李国任有文瑍、文瑢、文琴、文琸四个儿子，文瑍过继给了五房国仕做继子，他家刚好还有四个户头。“二进头”西边房子与东边“五间三厢”的北边房子里，置有四张楼梯，刚好住四户人家。

岁月荏苒，“二进头”老屋里的住户一茬茬地换。土地改革后，更换的住户有的已经不是原主人的直系后辈了。如今“二进头”屋里住着六户人家。

庙小神大话“灵应”

立　秋

江南镇唐家坞村有一座小小的庙，三间一进，看上去就是一幢普通的民房，若不是门额上“灵应侯王庙”五个字，来往行人怎么也不会想到这竟然是一座庙。

推开庙门，首先映入眼帘的青石梁架使人怦然心动，一种肃穆和远久的感觉扑面而来。

小庙面阔9.4米，进深7米左右，前后双步，内五架梁。明次间无隔断，看去一目了然，有种空旷的感觉。石磴、石柱、石梁、石枋，厚重而简洁。刻有楹联的方柱直立沉稳；带有些许圆弧的抬梁，显得厚重古朴，与典型的明代建筑中的抬式梁

灵应侯王庙

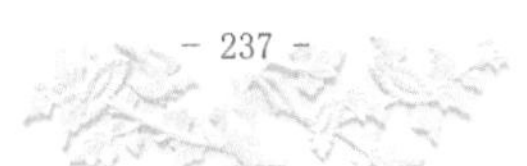

造型有些相似；石板做成的串枋，有些呆板地连接在柱间，成了匾额。这种抬式的梁架，因受制于建筑材料和建筑工艺，已极少见于清代中、晚期以后的建筑中了。灵应侯王庙中规中矩的抬式梁架能保存至今，也是难得。

灵应侯王庙的梁架结构还有一个特点，石质梁架的上部是木质的檩下梁架，这是古代匠人的一种创造，这种结构使得梁架上部变得轻巧，整个梁架的重心相对降低，也更稳定。木质梁架利于装饰性细小构件的配制，同时使构件之间咬合更为紧密，庙中柱头周围的插花板和丁字拱证实了这一点。

庙因为小，需尽可能地利用它的空间。这座庙在建造时，采取抽掉三块枋的办法，来扩大可利用的空间。庙的前额枋和次间石枋被有意省去。过去民间往往有“抬菩萨”的习俗，少了这三块枋，使得菩萨的“进出”变得更为方便和从容。三块枋的省略，看上去使梁架结构出现了空缺。实际上，在这种小庙中，这样的设计，一方面保证了使用的需要，一方面又能最大程度地保证梁架的稳定。这三块枋处于梁架平面的中心，呈三角形，使得梁架从内部得到一种新的平衡。当然这也得益于沉重的石质梁柱结构。中国传统建筑的精细、科学从中可见一斑。

灵应侯王庙的建筑年代，可见于庙中明间的额枋上。尽管枋上字迹残缺，但基本可知庙建于清嘉庆丁巳年（1797）。至于灵应侯王是谁？村中老人说法不一。

其一，神名周雄，南宋时新登渌渚人，有名的孝子。他是商人，长年往来于衢州和杭州，行商时十分仗义。周雄以孝和仁义闻名于衢江、富春江和钱塘流域。一日他获知母亲病危，迅即乘船从江西赶回新登，途中不幸溺水而亡。其尸体顺流而下，至杭州后又逆江至渌渚。竟日不腐，香气溢于江表，时人以为奇，立祠为祀。宋端平六年获赠广平侯，淳祐六年封为护国广平正烈周宣灵王。由于官府的助推，周雄名声鹊起，成为江浙地区的地方神，供奉他的祠庙在江浙地区一时遍及城乡。在九姓渔民心中，他是江神；在船商心里，他是财神；在农夫心中，他就是土地神。民间对他的信仰也不断扩大。他能司风雨，治虫害，能驱瘟疫，防洪灾，御敌寇，保平安，几乎成了老百姓全能的保护神。

其二，周宣王，名姬静，西周时期的一位王。历史上称其开创了“宣王中兴”，做了两件好事。一是“不籍千亩”，废除耕籍田（井田）的制度；二是平定了一些部落，统一了国家，这两件事都利于华夏民族的兴盛发展。宣王在位期间经常发生旱灾，他怕因旱使黎民受苦，社稷倾覆，于是亲自埋玉奠酒祭祀天地，祷告神明祈求降雨。果然在六月天降大雨，旱情消除。这件事在《诗经·大雅·云汉》中有记载。周宣王很宠爱他的老婆姜后，经常早睡晚起，开始疏于朝政。姜后劝阻无效，就摘掉自己的耳环、簪子请罪，说因为自己使宣王起了淫逸之心，铺张浪费，不理朝政，长此下去就会天下大乱。宣王听了惭愧不已，从此勤于朝政。这两件事使得后世将宣王尊为风雨之神，将姜氏的行为尊为坤德承天。经历几千年历史的洗刷，作为天子的周宣王逐渐变成了“土地公公”，姜后也变成了唐家坞小庙中的“土地婆婆”，着实有点匪夷所思。不过老百姓是实实在在的，他们只记得这个人能求得风雨，可保一年的收成；他们只记得坤德对于人生、家庭的重要。只要他们灵验，就可成为当方土地。于是就将周宣王创造成了灵应侯王。不知这样的推断对不对。中国的造“神”，有着悠久的历史。不但神自己会演变，神的作用也能因人们的需要而变化。

无论是谁，将他们冠以“灵应”两字，成为这里的土地神则是老百姓的希望。站在庙中，我试图在那三块刻有“坤德承天”“干城名器”和“一片丹心”的枋额上寻找答案。寻找周雄和周宣王谁更能承受这三块额匾？或许，这二人都不是，一个无名的土地菩萨也许会更灵应。谁知道呢?

余庆堂：保存完整的明代建筑

李世隆

余庆堂

要说江南镇徐畈村现存最古老的建筑，可能非余庆堂和新厅过道楼莫属了。而所谓新厅，就是相对于明代建筑余庆堂而言取名的。为方便起见，先从过道楼说起。

新厅过道楼在徐畈行政村徐家畈自然村209号，位于徐畈自然村北部老街东侧，建筑坐东朝西，三柱五檩，砖木门楼结构，是当地人称“新厅上”的一组建筑中的一部分。据当地村民介绍，这座门楼是新厅残存的明间部分，过去只是作为后面主体建筑的通道，所以称其为新厅过道楼。因为曾经遭到火烧和人为的拆建，原来的主体建筑和原始风貌等相关情况均不得而知，现在只保存有这座三间两层楼房。通过过道往里走，已无法立足，因为里面已经是一片杂草丰茂的废墟了。

但从残存部分来看，大额枋以硬木为材料，正面光滑平整，而在下方一面进行雕刻；枋上两个三升大斗，两边各半个，支撑上方小额枋，再上面即是二楼窗户。

现在升斗间由泥灰填补，并在中间写了一个“忠”字，可知是特殊时期的保存方式。枋下两边雀替均事雕刻，但仍是升斗模样；两边与枋木呈直角向檐口伸出的各是一块小替木和一个大撑拱，撑拱粗壮且线条流畅，只在下部有简单修饰，而撑拱与柱间三角形空隙部分，以锯空雕缠枝花卉填补。整体感觉梁架简洁明快，雕刻装饰古朴，很明显有明代建筑风格。现在看起来楼层不高，应该与主路路基比原先有所抬高有关，且过道地面原本铺以卵石，现在也因淤泥堆积而抬高；而从枋木下部进行雕刻来看，这里楼层不应该很低。两边次间已有所改造，一边似乎曾开过小店。但现在都已无人居住，所以无法进入，也未能了解到更多的信息。

从新厅过道楼沿大路往西，便是徐家畈自然村215号的余庆堂。余庆堂又名“下厅”，为徐姓的祖厅。相传建于明代，已有三百多年历史。建筑坐东朝西，卵石墙，木结构，双坡硬山顶，山墙观音兜，三间二进一天井四合式单层建筑。

余庆堂大门外建有独立的八字台门，三柱五檩。台门立柱及大梁，用专门烧制的砖头拼砌于墙内。原始立柱仅存南墙三支，北墙已于早些年改建，由卵石砌就。两根檐口檩条也被替换，好在中间三根似为原物。整个台门因修缮随意而使原有风貌严重受损。

但这里的四块门当石保存完好，具有很强的装饰性。门当石除起到一定的结构作用外，与门梁上的雕刻特别是户对相映成趣，显示了房屋主人的门第和社会地位，同时也给门面增添了几分庄严、优雅与个性。门当石形式多样，不同形状往往代表不同身份：抱鼓形或箱子形有狮子代表高级文官，抱鼓形有兽吻头代表低级武官，箱子形有雕饰代表低级文官，箱子形无雕饰则代表富豪。而这里两个为抱鼓形雕有高浮雕动物，两个箱形的则雕刻有吉祥花卉，可见这里曾出过文武官员。

余庆堂主体建筑因刚投入数十万进行大修，还未正式开放，我们从北侧门进入。一进四柱八檩，牛腿两面深浮雕，主图为狮子绣球绶带图案，狮子形态活泼可爱；天井卵石铺筑，两侧为二柱单坡硬山顶走廊，天井四周牛腿包封板刻“孝悌忠信礼义廉耻”八箴。二进明间较一进高两个台阶，四柱九檩，前后双步，内五架，牛腿雕刻双面深浮雕梧桐树下凤凰牡丹图案，表示“花开富贵”寓意。柱子粗大，月梁肥厚；次间梁、柱用砖拼砌于山墙内，根据砖柱的弧形同比例略有凸出，很有特色，与前台门南墙一致，在本地现存古建筑中极为少见。地面为三合土花格形，虽然遭到破坏，但仍可基本看出原貌。二进的后步因后墙倒塌受损被更换，维修前整个后半间用砖墙隔断，风貌受损严重，此次维修基本恢复了初始的样子。享堂二檩，以木屏门与明间分隔，中间门槛石为原物，有古朴纹饰；两侧的已非原件，由古旧条石替换。

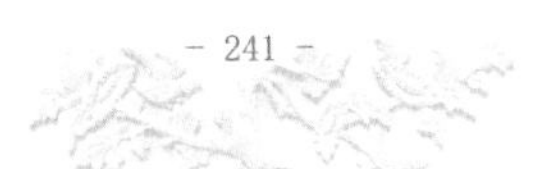

再看余庆堂和前面台门，以及两者间的狭长通道，突然想起这总体结构与荻浦村保庆堂不是极为相似吗？明成化吏、礼两部尚书姚夔在他写的《保庆堂记》中有这样的描述："……保庆堂之构也，堂据典礼，列两楹，阶崇一级，北面而自外入作甬道以壮祠观……"我们是不是可以理解为，在明代时，这类民间祠堂建筑是有一定规制的，而作为礼部尚书姚夔主导修建的保庆堂，当然是符合这种规制的。如果这种推测正确，那么与保庆堂极为相似的徐畈余庆堂是否也符合明代的这种要求？只是保庆堂一进是接官厅、二进是戏台、三进是跌阶厅，全是通透式，两条过道也全敞；而余庆堂主体二进则已是清代制式封闭式祠堂，只在台门与主体建筑间有过道，但也因边上民居建筑而呈半封闭状态，已失去了原有风貌。

不过无论如何，从台门残留的东壁，以及余庆堂明间的次间靠墙梁柱做法可以看出，很明显有明代建筑风格。所以近一次维修也尽量保持了这些特点。而作为域内存量不多的保存完整的明代建筑，徐畈余庆堂的修缮并开放，必将让我们这些古建筑爱好者多一分惊喜的同时，也多一处时常去走走看看的场所。毕竟，古建筑中那份特有的宁静气息，是现代建筑所无法比拟的。

新民乡抗日民主乡政府旧址：红色基因代代相传

李世隆

新民乡抗日民主乡政府旧址位于现新合乡新民村高枧自然村，建筑建于清中晚期，占地374.9平方米，坐北朝南，三开间二进四合式砖木结构两层楼房，双坡硬山顶。前进明间用四柱七檩，近天井楼下有东西通面走廊。天井两侧设厢楼，厢楼梁架用三柱三檩。后进明间用五柱七檩。2003年1月，此建筑作为革命纪念地被列入第三批县级文物保护单位，于旧址天井中立"抗日民主乡政府旧址"碑。

单单看建筑本身，除了天井里的那块石碑，似乎并没有什么特别之处；但其背后的故事，以及所蕴含的革命先烈抛头颅、洒热血的壮志和精神，却激励着一代又一代人。

抗日民主乡政府所在地原为桐庐县四管乡，位于桐庐、浦江、诸暨、富阳四县交界处，距四县县城各40千米，与县治桐庐镇还有海拔900多米的杨家岭雪水岭相隔，交通闭塞，地势险要，在中华人民共和国成立前，实际上是个四县都鞭长莫及的"四不管"乡。高枧因旧时村民用木质水槽（枧）引山水灌溉，以其枧悬空高架而名村。桐庐县第一个抗日民主乡政府，就在新民村的这个颇有历史文化底蕴的高枧村成立了。

抗日民主乡政府旧址

1945年7月27日，为迎接新四军二渡富春江，开创路西敌后抗日游击根据地的新局面，平湖区民运队一行十余人在区委书记张月珍的率

领下，从浦江马剑出发，前往桐庐四管乡开展征粮、筹款和筹组农抗会等工作。当晚，民运队队部就设立在四管乡的里松山村。岂料，第二天拂晓，突然遭到国民党桐庐县自卫大队的偷袭，张月珍、杨又新、戴国文、陈友堂四位同志不幸落入敌人魔掌。当时，同志们称此为“松山事件”。

“松山事件”发生后，金萧支队决定对那些比较顽固的地主、土豪劣绅采取一定措施，以打开新区的局面。一些平日作恶多端、欺压百姓的地主乡绅闻讯后，就躲到桐庐县城，寻求保护；小地主小乡绅也纷纷避往邻乡亲戚家；过去曾经为新区服务的一些关系户也怕出头露面了。这样一来，反而给革命工作带来了诸多不利因素。

根据这一情况，上级决定在四管乡建立一个抗日民主乡政府，以此出面来开展各项工作，并由毛冰山代理张月珍的区委书记职务。杨亦民以区委负责人兼区中队指导员的身份被派往平湖区工作，以加强这一地区的领导力量。同时，物色何关宏担任抗日民主乡政府的领导工作。

何关宏，四管乡何家村人，当时在马剑区龙门脚村小学任教。由于路西县民运队负责人张月珍和寿承涛等同志经常到该校进行抗日救亡宣传，教唱抗日革命歌曲，因此彼此比较熟悉。后来，何关宏又结识了毛冰山和潘芝山等同志。毛冰山和潘芝山见何关宏的思想倾向革命，就将他作为培养对象，有意识地将《论联合政府》《新民主主义论》等革命书籍借给何关宏阅读，以启发其阶级觉悟；在课余饭后还经常深入浅出地给何关宏讲一些革命道理。在这些同志的引导下，何关宏终于走上了革命的道路。

1945年8月初的一天，抗日民主乡政府成立大会在四管乡高枧村钟本镇家的楼上召开。参加会议的有四管乡各村的代表和区政府的毛冰山、杨亦民、潘芝山、寿承涛及何关宏、钟本信、郑本生等四五十人。会上，区长毛冰山宣布路西县平湖区新民乡抗日民主政府正式成立，何关宏同志任乡长。他说：“这是我们穷人自己的政府，是专门为我们穷人说话、办事的，大家要热情地支持和拥护，并紧紧团结在乡政府的周围，努力完成各项任务，用实际行动支援在前线英勇抗战杀敌的新四军，同心协力将日本侵略者赶出我国国土。”接着，又成立了乡农民抗日协会，由郑本生任主任，钟本信为副主任。桐庐县第一个抗日民主乡政府就这样冒着战斗的风雨诞生了，并迈开了她那坚强而又艰难的步伐。

抗日民主乡政府成立后，在县、区政府的直接领导和区民运队的具体指导下，各项工作迅速展开，并取得了卓越的成绩。一是发动和组织群众，开展抗日救亡活动。乡政府先后帮助各村成立了农抗会、青抗会和游击小组等抗日群众团体。通过

这些组织，向人民群众宣传抗日救亡的伟大意义，并把群众组织起来，投身到如火如荼的抗日救亡运动中去；动员群众有钱的出钱，有力的出力，为抗日救亡运动贡献自己的一份力量。二是有组织地领导贫苦农民开展减租减息和反霸斗争。提出了“抗交高租、抗交公粮、抗交苛捐杂税”的口号，得到广大群众的大力支持和热情拥护；对那些公开反对和破坏抗日、压制群众的恶霸地主，则开展坚决斗争，到秋收，征收到公粮3万多斤。三是配合区中队，完成虎口夺粮任务。新民乡各村的游击小组建立后，虽然武器较差，但游击队员干劲十足，在敌人的鼻子底下开展夺粮斗争，苦战七天七夜，胜利完成了征粮任务，保证了新四军渡江部队的军需供应。

新民乡抗日民主政府的活动，引起了国民党反动政府的惊慌。他们派出特务和情报员，严密监视民主乡政府的一举一动，试图寻机报复。1945年9月26日，金萧支队主力、路西县党政机关、县大队、各区中队及在地方上已“面红”的地下党员奉命北撤。平湖区领导毛冰山、杨亦民、潘芝山等奉命率区武工队坚持原地斗争。由于路西的主力是在平湖区一带集中后北撤的，所以，这一地区成为敌人清剿的重点。9月底，国民党二十一师就从桐庐、诸暨兵分两路，在桐、富、诸、浦四县国民党自卫队的配合下，对新民乡进行“联合围剿”，民主乡政府遭到敌人破坏，藏在乡政府楼上的3万多斤公粮被敌人抢走；一批优秀的共产党员和革命同志被敌人逮捕，有的惨遭杀害。10月以后，由于形势比较紧张，活动一时难以开展，平湖区主要领导同志有的在敌人的围剿中被捕，有的去四明山寻找党组织，有的就地隐蔽；新民乡几个被敌人通缉的本地领导人也各自外出暂避锋芒。后来，与上级组织一直未联系上，民主乡政府的活动也就没有再恢复。

新民抗日民主乡政府旧址原来虽然只是普通民居，但历史已赋予了这里以红色革命基因，在这里发生的一个个历史事件，留下的一个个革命者的身影，被历史永远铭记。

云翰堂：鸿儒荟萃之所

黄水晶

云翰堂

凤川翙岗长明堂里的西南角上，有一处由西头云翰堂正屋（外加南北边抱屋）、东头两座偏屋，叠成“品”字形建筑群，那就是云翰堂。云翰堂正屋朝东大门口，是一处全由石板铺就的大过道。大过道南北两边，两座偏屋南北相对，石框大门皆面向大过道。大过道东面是一座门楼。门楼东边的大门通向长明堂。

云翰堂正屋坐西朝东，砖木结构，三间二进二弄。正屋南北宽14.80米、东西深18.00米，面积266.40平方米。

正屋一进进深三柱，5.25米。二楼为跑马楼，重檐，窗为方格子窗。屋面为两坡硬山顶。门里门厅，东西宽1.40米、南北长

4.25米。门厅第二对柱子之间置有石门槛，上面置有木屏门。屏门西是明堂，进深二柱，3.85米。明堂南北两边，柱子上连接的是统根月梁。梁下隔断用的是屏门。明堂出面的两柱子又粗又直，上面小牛腿上与雀替之上架着月梁，月梁与上面的横梁之间装饰着过渡花板；朝东的牛腿上雕刻着鹿、仙鹤与灵芝。柱子下面石础上，雕刻着莲花图纹。明堂两边为用屋，进深二柱，5米。南北贴墙处，置有由西而东的木楼梯。

一进西边，置有下沉式天井。天井长5.32米，宽2.82米，深0.30米。天井东西两端，分别置有做台阶用的石条。天井两边，留有近1米宽的过道。两边厢楼进深二柱，3.30米。朝向天井的柱子上，装饰的是夔龙牛腿。厢房边门与窗门都是方格子木门。窗门上方置有木格子花板。厢楼屋顶为两坡硬山顶。二楼为跑马楼，四面均为重檐。

正屋二进高出一进0.15米，进深六柱，8.88米。屋顶为两坡硬山顶，南北墙为马头墙。二进靠近天井处置有南北向过道。过道宽为2.38米，两头开有边门，可进入南北抱屋。过道上方，置平顶花格前檐廊。二进明堂进深五柱，7.78米，南北宽为4.30米。面向天井的柱子上，牛腿雕刻的是吉祥狮子。可惜右边的柱子连同牛腿都烂掉了。明堂由东而西第五对柱子之间，置有木屏门。屏门上头，朝东曾悬挂过“云翰堂”大匾，现已不知去向。说到此匾的含义，“云”是说话的意思。“翰”，本意是指长而坚硬的羽毛，借指毛笔和文字、书信等。云翰连一起，是指富于才藻的读书人。以“云翰”作堂名，寓意这里是富有才藻的文化人来往聚集的地方，表明主人对文化的重视与向往。明堂两边为用屋，进深二柱，5.05米。南北贴墙处，分别置有由东而西方向的木楼梯。屏门后，是1.10米宽的后堂。后堂归大堂南边人家所有。

云翰堂正屋，保存较好。房子上雕刻装饰讲究，布局紧凑严密。

云翰堂建于清朝中晚期。该建筑为现房主李志洪的祖先传下，已有两百来年历史。现在正屋由房屋主人后代李志洪等居住保管。

云翰堂历史不算太久，第一任老祖宗叫李阿禹，是从叙伦堂分过来的，属墙里人。此推算，云翰堂大约两百年历史。

顺裕堂：日新子孙日日新

黄水晶

凤川翙岗原墙里厅的西对面，老街西约200米的样子，有一座堂楼屋叫顺裕堂。顺裕堂南北面宽13.55米、东西长17.85米，面积为241.87平方米。三间两弄，“回”字形造型，砖木结构。房子西面是长明堂，北面抱屋后是朱雀巷，东面、南面原来都是相连的老屋。

顺裕堂石框大门朝东。门前原来的一些建筑已被拆除。一进进深三柱，4.80米，两坡硬山顶。南北墙为马头墙。门厅进深1.70米，由东而西第二对柱子之间，石门槛上置木屏门。屏门西是进深3.10米的明堂。南北两边是用屋，两边贴墙处，分别置有西东向的楼梯。南侧用屋里住着方祥义一家。屋主不是原屋主，房子是从人家手里买来的。北边住着李祥如一家。用屋朝西花格子木门，与门上头的花板造型精美。可惜李祥如家的花格木门被换掉了。

一进西置有一个下沉式天井，长5.75米、宽3米、深0.35米。天井里，两边摆放

顺裕堂

着须弥座与太平缸。天井南北留有0.90米宽的过道。天井东侧，置有一根石条做台阶；西侧，置有两根石条，做成三个台阶。两边厢楼，进深二柱，3米，两坡硬山顶。一楼厢房，分别开花格子雕花木窗，窗户上方置有花板。上下明堂跟厢楼，牛腿上分别雕有“麒麟送子”“乔松之寿”“鲤鱼跳龙门”。顺裕堂天井周边的这些雕刻大气、简洁，寓意吉祥。天井四周有连通的走马堂楼，屋檐为重檐。

天井西边是二进。二进高出一进一个台阶，比天井高出三个台阶。二进旁靠天井处，置有一个1.20米宽的过道。横架在过道上头的月梁肥美，且雕有精美的图案。过道两头开有侧门。北门直通抱屋里的小天井。抱屋东西两头也开有石框大门。抱屋在西头，朝长明堂跳出了一间房子的宽度。过道南门外，原本也是有房子的，如今却拆掉了，成了一片空地。

二进进深五柱，10米，屋面为两坡硬山顶。南北墙顶砌有马头。二进明堂朝东的走廊口，原本挂有“文魁”匾额，是桐庐县令送的，原因是这屋子里的李彩飞考取了秀才。李彩飞是李小亭的太爷。

二进明堂南北宽4米，东西进深三柱，8米。由东而西第三对柱子之间置有木屏门，木屏门上头朝东挂着“顺裕堂”堂匾。“顺”，顺利，一帆风顺的意思。“裕”是丰富、宽绰的意思。“顺裕”就是希望家里富裕，吃穿不愁，顺风顺水。可惜这匾“文化大革命”时拆下后，被人拿去做猪栏门，最后烂掉了。

明堂两边是用屋。北边住户就是74岁的李小亭，南边住户是李永千。南北贴墙处，分别置有东西向的楼梯。屏门后的后堂，是李永千的用屋。顺裕堂房子虽然年代久远，好在常年住人，因而房子及牛腿之类保存基本完好。

据李小亭说，顺裕堂东面大门外还有两进房子，中间还有个天井。今天的顺裕堂东门外是有个小天井的。那儿有一根特别高的石门槛。李小亭说，在顺裕堂的东南面，原本还有个百狮厅，是他们墙里人的公用大厅。

诚明堂：古民居背后的沧桑故事

李世隆

诚明堂位于江南镇彰坞自然村389号，锡胤桥上游天子溪边。历史建筑普查登记为“徐富元等民居”，其实准确地说，应该称其为“徐桂生新屋”，为徐桂生做生意成功后所建。虽说有钱了，但两夫妻的日常生活还是相当节俭的。据说，建房时家里请工匠，即使是工匠们吃剩的蒸臭干，第二餐翻个面摆盘后还要继续上桌，自己是舍不得吃的。关于此屋的堂名，是从一个住户的桌子背面，看到“诚明堂置”字样，才确认堂名的。

诚明堂

诚明堂建于民国，已有近百年历史。占地面积303平方米，坐东朝西。块石墙，木结构，双坡硬山顶，小五间二进四合式两层楼房。

青条石门堂，青石板门额，有四级圆角青石条台阶，铁皮铜钉大门，门口有较大道地。房屋前立面已加以粉刷，窗框外沿有黑色勾线，而檐下绘画还基本保留原状；裙墙还贴了墙砖，似与原建筑风格不符。台阶因不用垂带石只用

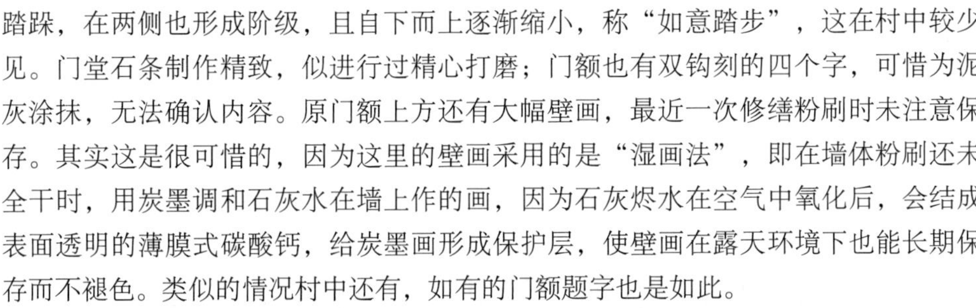

踏跺，在两侧也形成阶级，且自下而上逐渐缩小，称“如意踏步”，这在村中较少见。门堂石条制作精致，似进行过精心打磨；门额也有双钩刻的四个字，可惜为泥灰涂抹，无法确认内容。原门额上方还有大幅壁画，最近一次修缮粉刷时未注意保存。其实这是很可惜的，因为这里的壁画采用的是“湿画法”，即在墙体粉刷还未全干时，用炭墨调和石灰水在墙上作的画，因为石灰烬水在空气中氧化后，会结成表面透明的薄膜式碳酸钙，给炭墨画形成保护层，使壁画在露天环境下也能长期保存而不褪色。类似的情况村中还有，如有的门额题字也是如此。

从外观看诚明堂是典型的民国年间的南方民居建筑。粉墙黛瓦，给人以素雅之感；房屋的山墙制作成高出屋顶的“封火山墙”，是硬山顶的一种夸张处理，能起到防火的作用，同时也起到了一种很好的装饰效果。

走进诚明堂，一进三柱五檩，天井石板铺筑；两侧为三柱五檩，双坡硬山顶厢楼。二进四柱九檩，扁作大梁厚实。整幢建筑布局规整，保存较好，装饰性雕刻内容丰富手法多样，为我县民国时期典型建筑，反映了桐庐县民国时期富户的生活状态。可惜历史运动在建筑上留下了明显的痕迹。只见天井处七只牛腿以泥封保护，只留出一只狮子牛腿。母狮戏小狮，中稍有砍凿破坏，但形态活泼可爱，饰以顺治通宝钱串和绣球，雕刻非常精美。牛腿替木上置檐柱，檐柱上又加小牛腿，使上堂出檐较一般建筑更为深远。一进檐下开三窗六扇，两边各固定两扇后，两边间各开两扇花格窗扇；窗下制作雕刻精美的挂落，有四枝垂莲柱；厢间二楼两侧也分别有四扇花格窗扇。裙板上都有浅浮雕。拱形雕梁及雀替制作精美。转角处双层垂莲柱，倒悬于垂花门麻叶抱头梁下，高低和里外布置都很有层次感；再加上端头有莲花等雕饰，精工细雕，不仅起结构性作用，更增添了建筑的美观度。厢间窗扇采用玻璃，只在每格四个角上饰以蝙蝠形；天头做扇形花鸟图案及四周缠枝纹；窗门以上做双喜字花栅栏。可惜有很多大构件木雕都因泥封而无法看到。

诚明堂的大门和边门，门扇均用白铁皮包裹，至今保存完好。从边门门框上保存的构件来看，当年还配有腰门。

中华人民共和国成立后，徐桂生被定成分为“地主”；听村民介绍，徐桂生当时因年事已高，无力承受相关处罚，还是儿子顶替的。这座房屋分给六户人家居住。

徐阿康民居：随形就势的古建筑

李世隆

江南镇彰坞村因房头不同而有很多名称，有的同房头村民相对集中居住，于是就形成了与房头相关的区域名称，“六家头”便是指彰坞老街沿明德堂南墙向西行弄堂附近那一片的称呼。徐阿康民居便在弄堂西端转折处。

单从外观看，弄堂那边的建筑是20世纪80年代的产物：红砖墙体、水泥阳台、预制栏杆、粘石子工艺等。但透过阳台下的走道，里面的大门是茶源石条门框，妥妥的古建筑制式。

徐阿康民居

因作为纸袋加工场，民居里堆积着大量的半成品、材料和工具，以及其他不相干的旧木料、旧家具、农具、簸柴、杂物等。仔细观察，才看出庐山真面目。民居估计为清代建筑，坐东朝西，占地230

平方米。砖木结构，双坡硬山顶，三开间，二进四厢，前后天井，四合式楼房。

一进三柱五檩，额枋粗壮饱满，雕刻精美。牛腿加替木雕刻三层人物图案，深雕手法，人物部分略有破坏。两侧厢间牛腿为人物山水，选料略小；通面走廊处牛腿更显古朴，替木上雀替制作考究。二楼窗棂及裙板素色，未作修饰。天井用石板砌筑，两侧为二柱三檩，双坡硬山顶厢楼。厢房裙板以砖砌粉刷并勾线处理，上部两边两扇平窗，只有中间一扇做成格子窗，并有浅浮雕为八宝图案；一进边间门开在天井角，门扇上部也做成花格子。因堆满杂物，无法看清全貌。

二进四柱七檩，置重檐，但比较简洁；额枋及雀替制作精致，颇有特色；楼板已全部换新，当为前几年所为。扁作梁用料较大，雕红状纹饰；雀替雕暗八仙和花卉图案。

后天井靠后墙而建，扁平状。二楼楼板腐蚀严重，已所剩无几。从木构件霉烂程度和所留水渍看，估计是长期遭受雨淋导致。现天井水沟已抬高于地平，上已架二檩盖瓦，升高后墙成檐并檐下开窗，把雨水挡于室外，增加室内空间的同时也有一定的采光。开有后门，门框以上墙面原有图案，因剥蚀严重而无法看清内容。两侧为二柱三檩、双坡硬山顶厢楼，破损较严重。后侧外墙残破，大面积暴露出墙体砖石。

西侧墙体并不规整，中间边门处外凸，而后半部内敛。看屋边小路及路另一侧建筑即可知道，当年肯定是因为建筑用地的缘故而无法尽如人意，只能按屋基大小尽放到边缘。但因处理合理，整体观感效果还是挺和谐的，特别是墙上马头的制作，形成高低错落的效果；再加上边门上有檐，大面积的墙上又有小窗点缀，还有粉墙黛瓦的色彩调节，反倒有一种奇特美，缺而不残。

其实在彰坞村，类似的情况还是较普遍存在的。有整体缺失的，比如宝善堂，整幢建筑进深很小，只有一进，但仍然做成有天井明堂的格局，安排合理而无明显局促之感；有院墙缺角的，比如恭思堂，三开间主体建筑规整，但门口院墙因处老街边而只有两间面阔，于是院子向边上开门，别有意趣；也有后部不足的，比如唯吉堂，西北边右后侧也是少了一块，但并不影响其大气而精致；甚至现代建筑如大会堂，顺大门口直接是老街，对面便是其他建筑的屋角，于是采大门开到左侧边间空阔处，并有台阶与老街衔接和过渡。之所以这样处理，当然有用地不足的主要因素，但设计者并没有因此而缩小建筑，而是坚持“可用尽用”的原则，把建筑面积做到极致；同时又巧妙地进行改造，让人无缺憾之感，体现了古时候建筑工匠随形就势的奇思妙想和善于变通的审美情趣。

唯吉堂：祈吉求祥总安康

李世隆

初闻唯吉堂，只听说大致位于江南镇彰坞村桐山脚。不过彰坞村大多建筑都可以说是在桐山脚，好在唯吉堂“有抱屋”。抓住这一线索，几经周折，终于在桐山山坡大片废墟的边缘，找到了孑然屹立的唯吉堂。

唯吉堂依地势起坝筑基而建，坐北朝南，占地面积269平方米，块石墙，木结构，双坡硬山顶，属三间两弄两进四合式楼房。

我找到唯吉堂时大门紧闭，边上都是旧木料；西侧边门也被从屋内紧顶，无法打开，后门也是被竹榻和一些拆下来的旧木料堵塞着。绕了一圈，只有从东侧山边抱屋里半敞的破门里进入。抱屋较主屋退后数米，门前地块已种了辣椒和南瓜，两屋衔接处有藤蔓一直爬上屋顶，一看便知好久无人进出了。我踩着杂草，以及潮湿的腐木，谨慎地走进这满是潮霉之气的抱屋。进门是几级下行石阶，大门右侧是上抱屋二楼的楼梯，已经破烂不堪，难以借力；屋内是废弃的旧家具，有一张香案条桌斜倚在一堆烂木料上，也已破败，如是一二年前，应该还是一件挺不错的古器。抱屋与主屋间有天井，从两个牛腿残件可看出当年的结构和规模，可惜均已腐烂。

从抱屋天井处与主屋相通的边门进入主屋天井厢房，终于看到主屋的大概。唯吉堂一进三柱五檩，天井石板铺筑，两侧为二柱三檩，双坡硬山顶厢楼。两只主牛腿制作精美，以深浮雕手法雕刻石榴和佛手图案，寄托“福寿”和“多子多福”的美好寓意；替木雕刻祥云图案，线条流畅。但已用两根新柱贴着老柱，并用两条新梁支撑一进二楼楼面，定是相关构件受到蛀蚀或霉变，已经影响结构牢固度，才不避美观度受损而如此变通。二进五柱七檩，上堂牛腿比一进的用料更加粗壮、雕刻更加富丽，内容为人物加花卉，进行多层次布局；替木也雕刻人物山水。除人物面部被砍凿外，其余部分保存完好。枋下小雀替雕刻也较精细。两厢以木屏门隔断，

较为简洁，上为格子窗，涤环板和裙板未事雕刻。建筑总体保存尚完整，装饰简洁明快。而从室内布置及遗弃的家具看，这里曾有多户人家共同居住，但现在已是人去楼空，蛛网密布、尘土厚积。

因整幢建筑地处桐山山坡，地势东高西低，有较大高差。进出主路由西南角拾级而上至大门口，抱屋则继续沿石级而上。抱屋前小路继续上升，与现新建村道相连接。而主屋连接东西两扇边门的通面走廊，东侧边门到抱屋天井，需走上两级台阶的高差；西侧边门到门外，室内便需走下四级台阶，门外还有数级石阶才到弄堂地面。

据当地村民介绍，唯吉堂建于清嘉庆年间，距今已有二百多年历史。从建筑结构特别是木雕风格来看，基本符合年代特征。

唯吉堂

唯吉堂的西北角略有缺失，想来是当年这一块地基的用地未能谈妥，于是以缺一角的方式予以变通。这让人觉得，一方面即使大户人家也不能以强凌弱，另一方面也可看出彰坞村建筑用地的紧张程度。

关于建筑名称，未有明确解释。“吉”，是“好、有利的、幸福的”意思，与“凶”相对，也指“善、贤、美”的意思；“唯”有“希望、祈使”之义，如《史记》中有“唯大王与群臣孰计议之”之语。所以，“唯吉”堂名可作“祈求吉祥”理解。

老宅遗韵
一

绳武堂：一座堂屋和一个名人

李　龙

桐君街道梅蓉绳武堂，就是现在的罗家大屋A幢。据屋旁指示牌介绍："大屋是清末罗家村富户罗阿满所建。大屋坐西北面东南，占地354平方米，五间二进楼房，整座大屋高出地面1.05米。一进两条石框架大门，石台阶，进深6.45米，两坡硬山顶，一天井，石板铺成，两侧为厢楼，四角吊柱过海梁，楼为走马楼，前后相通，木柱均用石础，建筑明间及天井四周，斗拱、梁枋、门窗、裙板均雕刻精细。"

绳武堂是典型的五间二进二层单体结构，且建造时间应该是民国年间。堂名"绳武"，典出《诗经·大雅·下武》中的"昭兹来许，绳其祖武"。正如介绍中所说的，里面雕刻华美，上堂牛腿是典型的太狮少狮，形象威武，饱满而华丽。西侧牛腿为母狮戏小狮；东侧为雄狮脚踩绣球，上方一小狮，绶带穿铜钱，明确有"民国通宝"字样；两个牛腿均做工精细而选料肥厚，牛腿与上方替木为整块木料，且替木两侧及包封板处也雕刻戏剧人物；狮子与人物都形象丰满，栩栩如生。下堂牛腿为天官送禄、寿星送福，天井四牛腿又各为两对凤凰牡丹和松鹤延年图案。上堂虽未用廊檐，但采用了双枋，且都施雕刻，所以更显精致。天井四周梁枋以上直至窗门，全部采用满雕形式浅浮雕手法，雕刻以福禄寿喜等直接或隐喻的吉祥图案，让人感觉富丽堂皇。其他所有大梁、双枋、雀替、挂落以及窗格等均制作考究。其图案设计的美观、制作的精细，无不给人以美的享受，让人由衷叹服。

从大门中出来，走下六级金字台阶，石库大门及枕石上有暗八仙雕刻；即使踩在脚下的地面，也仍有部分保存着原来制作的磨砖地，平整而光滑，且有规则的花格图案。

绳武堂主人罗阿满的孙子罗月圆先生，向我介绍了关于他爷爷的一些琐事轶闻。

绳武堂

罗阿满毕业于保定军校，学名罗鹤，但村里一般称他为“宁波先生”，阿满是他的乳名。罗阿满参加过北伐战争并经过桐庐，他们家还当过先遣队军部。罗阿满曾任骑兵团团长，但因其坐骑——一匹白马因故死亡，他也放弃了原本颇为顺利的军旅生涯，回老家过起了安逸生活。因为此前罗阿满已寄钱回家，由弟弟罗阿梅在家置田造屋。第一次就寄回148块大洋。

当时先造的是人们平常所称呼的大屋，也就是后来做乡公所的那幢房，然后造了绳武堂。有了两幢房子后，两兄弟就以抓阄的方式分家了，阿满分得绳武堂，阿梅分得第一幢。

因为北伐后罗阿满回家了，所以后来的抗日战争没有参加，但其间也有一事。抗战时期，罗家大屋当了半个多月的抗战指挥部，有个师长坐镇指挥。当时罗阿满就准备了慰问品犒军，但师长不收，原来当时的县长已在师长那里诬告了罗阿满是汉奸。幸亏师长身边的一个勤务员看出阿满的为人，就提醒他：浙江省保安司令部还没有盖章确认，你看看路上有没有人。凑巧保安司令的儿子与罗阿满是同学，所以这事就平安过去了，而那个县长也灰溜溜地卸任走路了。

之所以别人肯帮他，与他毕业的学校——保定陆军军官学校有关，也与罗阿满的为人密不可分。

据罗月圆回忆，他爷爷罗阿满回乡后做过很多好事：梅州埠头的石板一直铺到江里，方便了大家；除本村青草头亭子，当年从江北的旧县到江南的窄溪、店坞、青源，罗阿满都造过亭子；村中某人的爷爷死了，家贫无力举丧，罗阿满主动让他们拿着自己的名片到窄溪去买棺，年底他去结账……类似的事情很多，在地方上口碑很好。儿子结婚的时候，桐庐、富阳、新登三县的县长都亲自登门祝贺。

在土地改革中，绳武堂被分给八户人家居住。现在的住户，大多数无法说清当年房主的情况。再过几年，这些历史或者故事将更加淡然。

正义堂：徒留木石载时光

黄水晶

凤川翙岗正义堂，是翙岗下三房李姓人家建造的。位置有些隐蔽，要找到它，须从凤藻堂遗址往东，穿过集和堂，再往东南走，那边有一座房子的边门，从门里进去，里面就是正义堂了。

正义堂坐北朝南，为一座三间两弄两进建筑。砖木结构，南北长15米、东西宽13米，面积为195平方米。整座房子的结构朝南，可石框大门却是朝东，原因是正南面有别人家的房子挡着。

正义堂南头为一进，一进东西宽13米，进深三柱，南北长4.75米。面天井一边是重檐，二楼做有走马堂楼。东西墙为马头墙。明堂进深三柱，4.75米。一进明堂东西宽4.40米。明堂两边出面的这两根柱子上装饰着龙形牛腿。明堂东西两边是用屋，进深二柱，3.90米，南北进深三柱，4.70米。用屋东西两边贴墙处，分别置有由北向南方向的楼梯。用屋边门是朝向天井开的，那门是方格子窗连体门。一进天井口过道，通道到两边厢楼处就被掐断了，两边单扇花格子边门里边，成了两边用屋的组成部分。

一进西面，置有一个下沉式大天井。天井全用青石板铺就。天井东西长5.35米，南北宽2.50米、深0.30米。天井东、南、西三边都留有水沟，水沟宽0.30米，水沟低于天井中间平台0.03米。出水留在东南角。出水挡板上雕有梅花形图案。三条水沟外边分别置有近1米宽的过道。两边的过厢进深浅了些，进深二柱，算上墙壁厚度，也只有2.8米。

当初正义堂为解决出路问题，在东边厢楼的东墙上开了一扇宽1.35米的石框大门。如此，这厢楼的一楼厢房就不得不成了出入大门的过道。

正义堂二进比一进高出半个台阶。二进比天井高两个台阶。天井周围，隔断用

正义堂

的都是木屏门与方格子拼图花板。牛腿雕花精美，南北明堂口柱子上的牛腿雕刻的是飞龙，东西厢楼柱子上的牛腿上雕刻的是舞凤。其寓意是“龙飞凤舞”。花窗上的小件浮雕多为图案，线条生动，富于变化。天井周边二楼，是走马堂楼，重檐。厢楼屋顶，两坡硬山顶。

二进与天井交接处，置有一条东西向的过道。过道宽1.20米，东西两头各连着一个边门。鉴于正义堂大门不常用，这两道边门就成了住户出入房子的主要通道。

二进进深五柱，7.50米。明堂进深三柱，5.70米。明堂宽4.40米。明堂两边柱子之间用平脊板连接。明堂两边，由南而北第三根柱子之间，置有一道东西宽4.40米宽的木屏门。屏门上方，朝南高挂着“正义堂”匾额。正义堂明堂两边为用屋。用屋进深二柱，4.20米。两边贴墙处，置有由南而北的楼梯。明堂屏门后，为1.80米深的后堂。西墙北头，也开有一扇边门。

据居住在凤藻堂的李丁昌老人回忆，他爷爷李德焕就住正义堂二进西边用屋。爷爷因为有四个儿子，那里的房子不够住才去买李金元兄弟凤藻堂的地基。凤藻堂房子造好后，爷爷李德焕把房子分成四份，让四个儿子抓阄选房。如今，正义堂正堂已经没有人居住了。

蔼吉堂：翙岗最年轻的堂头屋

黄水晶

蔼吉堂

凤川翙岗蔼吉堂，坐落于世德堂的北边，是翙岗老街下半街最新、最好、最年轻的一座堂头屋。它被村民称为“十间四厢”。

说蔼吉堂最“年轻”，那是因为这房子建于抗日战争前夕，在翙岗诸多老房子里，它的建造时间是最近的。蔼吉堂是翙岗富商李云程（李长庚）所建造的。

蔼吉堂三间两弄三进，砖木结构。东西长17.40米、南北宽13.35米，总面积232.29平方米（不包括南北抱屋面积）。大门朝向西边老街，因为老街西移，所以李云程即在门前建造了一个长5.36米、宽1.69米，由四根柱子支撑起来的门楼。现在门楼已倒塌，只剩门楼的一个台门。门楣上原来装饰有“闾阎扑地”门额的，形容房屋众多市集繁华。

蔼吉堂石框大门厚实，大门宽

1.40米。大门内是一进，进深8米（含天井与两边厢楼）。与其他堂楼屋不同的是，蔼吉堂大门内没有门厅，入内直接就是明堂。一进明堂进深三柱，3.45米，明堂两边为用屋。南北两边贴墙处是楼梯。明堂东，置有一个南北长4.55米、东西宽2.23米的天井。天井南北两边水沟，宽0.48米；西边水沟宽0.25米，水沟深0.30米。天井露天部分，全部用石板铺就，高度与一进齐平。天井两边，留有1.15米宽的过道。南过道南、北过道北分别是厢楼。天井周边，无论是牛腿还是大梁，只要出面的地方都有精美雕刻。

二进高出一进0.18米。二进进深五柱，5.65米。二进与天井衔接处置有一个南北向的过道，两头开有龙虎门，可分别进入两边的抱屋。明堂屏门前置有榻机，中间放着一张“独立锦鸡”的雕花大圆桌。这桌子做工考究，它的桌面是由独块大樟木做成的，桌面与底盘之间只有“一只脚”，桌面可以旋转。屏门上方本来准备悬挂“蔼吉堂”堂匾，只可惜抗日战争爆发，这匾来不及做了。说到这“蔼吉堂”堂名的来历，李云程的小儿子李启东说，是为了与“康吉堂”堂名相呼应。因为蔼吉堂是康吉堂发展过来的，康吉堂堂名寓健康吉祥之意，这边取“蔼吉堂”就是和蔼吉祥。

明堂两边是用屋，边门朝向天井。屏门后是三进，进深6米。东边靠墙的位置，置有一个小天井，两边也置有厢楼。天井四周牛腿等物件雕刻，与一进天井周边的雕刻大同小异。

蔼吉堂被称为十间四厢的走马堂楼，楼上是能够走通整个房子的。这座房子的南北两面都建有抱屋。楼下的分屏门、楼梯都没有做，但经过二楼的龙虎门，照样能跑转整个二楼。

李云程原是康吉堂堂主的后辈，出生于1881年，读过书，是清朝童生，但没有考取秀才，后学做了生意。他头脑活络，善做生意。赚了钱，刚造好蔼吉堂，日本侵华战争就爆发了。为保命，为糊口，李云程再腾不出精力来装修了。李云程为人和善，村里人没有一个与他结怨。1945年，他家里有农田二十多亩，自己种了几亩，其余的都租给人家耕种。收租时，对客姓租户或是同姓租户，他都比较随意而不苛刻。土地改革的时候，李云程家因为留下来的土地与房子，被划为了地主。几乎没怎么住过的蔼吉堂与街边的店铺，全都改给了村里没有房子的人。

方金明民居：合作才能双赢

黄水晶

凤川翙岗大明堂方金明家堂头屋，坐落于翙岗老街的东北头。沿着老街东边房子由北往南数，走过豫立堂、罗月昌（店名），第三座房子就是方金明家堂头屋了。

方金明民居

大明堂，指的是方金明家堂头屋前面的那一块开阔道地。这儿之所以叫大明堂，是因为这里确实是一个大明堂。据方金明指点，这儿临街的地方，原本有一道石门槛。门槛一边靠街，外边原本有着两个石码头。这大门石门槛的里面，不到2米的位置，还有一道石门槛。大明堂就在第二道石门槛里边的位置上。据此空地基即能推断，这儿原本是有一座大房子的。南边屋基上那水澳口，是后来改出来的。北边罗月昌杂货店则是造在了那大房子北侧的地基上了。这大房子缘何消失，没有人知道，大明堂与石门槛曾鲜明地留在了人们的眼前。于是这地方就被叫作大明堂了。为方便行走，后来那石门槛与石码头就被搬走了。西南角上，一只原

本只能供一只吊桶提水的澳口，被转移到大房子的南边地基上，而且被放得很大。

方金明家的堂楼屋就坐落在这大明堂的东面。因大门北边邻居建造了新楼，堂楼屋那份古色古香的韵味被淡化了。新农村建设中，村里为美观，又在方金明家堂楼屋的大门口南侧，建造了一座照墙，墙上写个“福”字，墙脚种上了竹子等植物。大明堂东南角上，也就是在新造的照墙南端开有一扇木门，那是南面李春财家的一个出口。李春财是地主，方家房子与他家相连接的地方，不是方角。可见当年，两家是各不相让的。

方金明家堂楼屋，为三间两厢三合式楼房。房子东西长11.45米、南北宽11.27米，总面积为129.04平方米。

走进朝西的1.45米宽的石框大门，1.65米宽的门廊后面，是一个南北长4.20米、东西宽1.82米的天井。天井全由石板铺就，南、北、西三面留有水沟。出水在西南角。天井两边留有0.90米宽的过道，北过道北与南过道南分别是厢楼。一楼厢房面天井的那垛隔断，下面一段是砖墙，上面是方格窗。厢楼进深二柱，2.60米，重檐，两坡硬山顶。现今南北厢楼都被改造，已经看不出原来的面貌。

二进比一进高一个台阶，进深四柱，8.75米。明堂口留有南北向的过道，过道宽1.10米，南边没门，北面开有边门。二进明堂，宽4.25米，进深三柱，7.20米。明堂两边柱子上用的是扁作梁。梁下用木屏门隔开，如今木屏门已经改作砖墙。明堂南北两边是用屋。用屋进深二柱，3.50米（事实上，该屋南边的用屋与厢楼都不到与北边对应的长度）。用屋一般都隔成东西两间，东边间做厨房，西边间做餐厅。明堂两边，由西而东的第三根柱子之间，置有一排屏门。屏门上方挂着一块匾额。如今匾额不知去向，方金明没有文化，也没有记住上面的字。屏门后是后堂，进深只有1.80米。北边人家的楼梯，从后堂北头贴东墙，由南而北上二楼。南边一家则刚好相反，从后堂南头贴东墙，由北而南上二楼。两边用屋都有从后墙（东墙）开出去的边门。北头边门可进入东边用屋。据方金明说，从后门出去，经过他家的一座老房子，能直接进入新厅。

方金明家堂楼屋，天井周边牛腿都烂掉了。据方金明说，那些牛腿雕刻还是蛮花哨的。明堂大梁用的是平梁，梁上有的地方还用斗拱来承重。大梁上面雕花极其简单。大梁下的雀替雕刻还是很精致的。房子明堂的楼板下，安装着小方木拼成的花格图案，很有些明朝建筑的遗风。

方金明堂楼屋建于什么时间，没有人知道。但从房子的建筑样式看，应该属于清朝早期。

李祥盛民居：女人的血泪

黄水晶

李祥盛家老屋在凤川翙岗仓里弄堂北面，悟新堂的东面。李祥盛家老屋是一座三间二弄二进的堂头屋。这房子东面以前是后溪滩，北面是自家抱屋。房子坐东朝西，整个朝西墙面上，只开有一楼的一扇大门与二楼一南一北两扇圆窗户。门前道地开阔，房子南面抱屋傍靠仓里弄堂。该抱屋与西面悟新堂后墙之间建有台门。

李祥盛民居

李祥盛家老屋建于清朝晚期，南北宽14.30米、东西长14.65米，面积209.50平方米（没有算上南北两头的抱屋面积）。这房子说不上很大，但简洁精致。石台阶、石护栏与石框大门是当时的标准样式，门墩上的石雕图案，表达出户主人对“学而优则仕”的认同与向往。不知是屋主人嫌原本房子入门即有一道屏门过于烦琐呢，

还是因为一进进深不够，总之，在这儿，大门里面的第一道屏门是被减去了。于是天井与二进中堂便直接展示在我们的面前。

从大门进入，即为一进。一进进深二柱，3.48米，明堂南北宽4米，两边是用屋。南北贴墙处，置有东西向楼梯。楼梯头开有朝西的圆窗户。一进东面，置有一只沉降式天井，南北长5.52米、东西宽2.27米，石板砌得规整、大气、漂亮。天井露天部分低于一进一个台阶，南、北、西三面水沟，低于天井中间部分0.05米，出水口在西北头，挡板上雕着龙的图案。二进高出天井两个台阶。为行走方便，天井与二进衔接处，特意安放了一块石条作台阶。天井两边留有宽为0.95米的过道。过道南北置有厢楼。厢楼进深二柱，3米。厢楼为重檐，两坡硬山顶。厢房东头转角的柱子上饰有牛腿，朝向天井的分隔墙是四扇木格子窗门。天井东西，两两相对的石础上雕刻着别致的花纹；柱子上，四只牛腿上呼下应。牛腿样式，夔龙夹带图案，属于清朝晚期的风格：细巧、精美、繁华。一进方格子木门，小件用的是各种图案，二进用的是动物特写。

二进高于一进一个台阶，进深六柱，8.90米。与其他堂头屋一样，二进靠近天井的边口，置有一个南北向的过道，过道宽2.40米，两头开有边门，分别连着抱屋。南边抱屋里，建有一只漂亮的鱼池，据说这池里的水从来不会发臭，在没有自来水的年代，这池里的水给主人的生活提供了极大方便。北头边门可以通向北边抱屋。明堂宽4.70米，进深五柱，7.40米。明堂口置有前檐廊，天花板上面装饰着精美的图案。明堂两边，由西而东第五柱子之间置有太师壁。太师壁前，置有搁几、八仙桌、太师椅等物件。明堂两边柱子之间月梁肥硕，拱托精美，横檩规整。明堂两边为用屋。楼梯由西而东，分别置放在南北两边贴墙处。太师壁后，是进深1.5米深的后堂。东墙上开有一扇边门。老屋二楼，环天井是跑马楼，重檐，两坡硬山顶。

李祥盛家老屋南边半座至今还归李祥盛家人所有。北半座一进的木格子门被卖掉了，有的地方还有小小的改造。

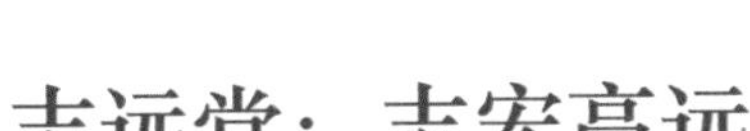

志远堂：志宏高远

姚朝其

志远堂

志远堂，位于桐庐县凤川街道翙岗行政村老街西侧弄，古民居建筑1045号。

志远堂始建于清道光初年，由翙岗李氏后裔梧鸣先生建造。房屋坐西朝东，为二进制三间两厢两弄三合式楼房建筑。东至路，西至路，路西为德语堂，南连接履和堂，北与怡顺堂相邻之弄堂。整幢屋呈长方形，东西纵深达36米，南北宽16米，总建筑面积约570余平方米。

志远堂为徽式建筑风格，砖木结构。一进为门厅，过门厅

是天井，而后是正厅。正厅中堂悬挂“志远堂”匾额，两侧为厢房。门厅北侧为檐屋，内有小天井、厨房、杂屋、解手间。檐屋前东侧是供观赏的鱼池间，亦是小天井。池周围均是青石板、石条砌筑，池南北角雕有精致的狮子戏球。二进为堂屋，亦是门厅、天井、后堂厅。堂厅正中悬“酌雅居”匾额，落款时间为清道光五年（1825）。南北为厢房，北厢房旁为附属偏屋。

志远堂外形墙为青砖白灰马头墙，墙高约8米。大门为青石门框，左侧门枕石雕有惩邪剑，右侧为玉如意花纹。正面二楼窗为外圆内方，南、北窗为方形，雕有类似喜字花纹。南北山墙，开有偏门。依宅基看，一进为五柱七檩，天井青石砌筑，遗憾的是前厅房屋已倒塌，仅存屋四周砖墙及天井石板，地基显得开阔。二进为七柱九檩，保存尚可。天井青石板铺砌，呈长方形。排水沟四周竖筑青石板，都有浮雕花纹，沟底部隔石雕有波浪形花纹，便于水势畅通。天井两侧为厢房，厢房台阶雕有花纹，门、窗均为方格式花窗装饰，门窗上饰有长方形花格，再上是梁枋。天井四周檐与檩之间均有琴枋、牛腿，雕工精湛、美观大方。屋柱柱础（俗称磴子）、柱顶石都雕有花纹。后堂厅摆有搁几、八仙桌，门庭之深，有大户人家之感。

志远堂，谓之“志”，则是志同道合，家兴族睦；“远”，则是追宗溯源，初心不改。为人敦厚，志宏高远，耕读勤治，源远流长。

据“志远堂”房屋主人介绍，敬吉堂、志远堂、德语堂、履和堂等，都属于朔岗李氏的一个房族，志远堂、德语堂、履和堂都是由敬吉堂衍生出来的，系敬吉堂祖先的后裔。

佑承堂：申屠氏族的创业丰碑

孟红娟

江南镇荻浦村澳渠相连，巷道幽深。在澳影清浅的巷子深处、千年古饮范家井旁，有一幢石木结构、墙面斑驳的古建筑，它的名字叫佑承堂。

佑承堂，构建于清代光绪九年（1883），是荻浦申屠氏第二十六世先祖培佑公的基业，一幢典型的清代建筑。

佑承堂的堂主，名培佑，字启后，号佑承。培佑公用他本人的号命名其堂。

佑承堂的选址可谓慧眼独具，堂的前门紧挨范家古井，东折西面有水澳紧贴墙脚，就像水井绕宅而过。房屋的东面和后面，均为荻浦古村中心的主干石子路，房屋的右侧寄墙于仓园厅，四周古建和民宅非常密集。据记载，房屋建造时，屋前有翠松茂竹，屋子周围流水潺潺。有识人士称，这里是一方风水宝地。

佑承堂三间二进，二层楼房，占地面积约220平方米。堂的前门上题“智水仁山”，后门上书“佑启我后”。“智水仁山”出自《论语·雍也》篇，子曰：“智者乐水，仁者乐山；智者动，仁者静；智者乐，仁者寿。”寓意智者如水般灵活，仁者如山般稳重。“佑启我后”的前半句是“诚祭吾先祖”。这句话的意思是虔诚祭祀我的祖先，保护和教导我们的后辈。前后两门的题字充满了中国古代哲学思想的光辉及对后辈的殷切关爱。

佑承堂

走进堂内，只见正

佑承堂

堂与后堂各悬挂一匾牌，正堂匾题“佑承堂”，匾题下方有一画一联相辉映，联“翠壑丹崖千支画，白云红叶一溪诗”是对中间画作的解读，充满了人文气息和书香味。后堂匾书与后门上的相同。屋内的设计寓意深刻，雕刻工艺精湛，雕刻以十二孝、二十四节气和封神榜的故事为题材，每一幅画便是一个故事。其间人物的动作表情、动物的喜怒神态、衣帽的褶皱纹理、祥云的构图流韵、窗格的花式比例等等，都极为逼真流畅。牛腿上的狮子、仙鹤、小鹿等的雕刻精细形象，窗户的镂空雕刻上有蝙蝠和仙草，造型生动。台门上“勤俭传家”和“耕读”“渔樵”的小篆木刻书法厚实稳重，颇为醒目。

从楼上的设计看，佑承堂也别具一格。不论从哪一道楼梯上去，都可通达每个房间。这样的设计意图是告诉后代，大家庭定要世代和睦，永不分开。堂主的心思和设计的寓意，充分体现了中国传统文化的“和谐”之风。

佑承堂是目前乡村中保存较为完好的古建筑堂屋。这样的建筑，建造工程自然耗资巨大。据说，其屋基原是一块低洼茭白水田，仅用大石头打墙基便花劳工数万。所用于奠基的大石头，从环溪村里抬来，一块大石头需数十人抬，动用抬石工便达数百人，抬数月后，才将墙基打深且实。为寄墙仓园厅，主人置办酒宴一百二十桌。请来的雕、木、石等能工巧匠，每天超过十桌人之多，尤其从外地请来的木刻雕匠有一桌人，雕刻牛腿、门窗、门台等图案耗时一年多。佑承堂的建造，充分展示了堂主培佑公的雄才博识和经济实力，为荻浦村和申屠氏后人树立了创业的丰碑。

自佑承堂创建以来，培佑公的家族子孙繁茂，仅百余年时间，佑承堂后代有文、名、光、峻、德、世六代，共二百余人。旧时，堂内出过三位秀才。当前，佑承堂后人中人才辈出，可谓桐南申屠氏中一大家族。

佑承堂的天井敞开古老的胸怀执着地吸纳日月风雨，旧时的燕巢痕迹里凝固着春去秋来的呢喃。虽然时光黯淡了屋内的木雕镂刻，虽然岁月带走了这里曾经的欢笑和过往，但佑承堂彰显的建筑美学和优秀的传统文化，一定会永久地陪伴我们。

兰桂堂：如兰似桂，清香逸远

孟红娟

“百善孝为先”，在中华民族的传统文化中，孝是最受推崇的文化。江南镇古村荻浦以孝义文化而声名远扬。

在荻浦村的孝子文化公园北侧有一幢名为兰桂堂的古建筑，此建筑坐北朝南，建筑面积436.00平方米，始建于明代后期，重构于清代康熙乙亥年（1695），是荻浦孝子申屠开基的故居，故又名孝子故居。

康熙年间，因邻里大火殃及，原兰桂堂祖屋被毁。而后家族谋定重建，推举孝子申屠开基主持祖屋复建工作。开基不负众望，历经艰辛，工程于当年竣工，从而使祖基家业传承至今。

兰桂堂三间二进，两层楼房，砖木结构，占地面积约250.00平方米。其建筑格调别致高雅，与允和堂、致和堂、中和堂连成一片，形成古建筑群体。

兰桂堂

兰桂堂居中的门楼，高达数丈。栋下“圣旨”牌匾高悬，匾额四周双龙戏珠花雕，金碧辉煌。据《申屠氏宗谱》记载，申屠开基为救父亲，不惧污秽，舔吮疮毒，乾隆听后为之深深感动，为表彰申屠开基的“孝义两全”，亲笔御题“孝子”二字。圣旨下方大门两侧有一楹联“妇德长惠幼顺君仁臣忠　父慈子孝兄良弟悌夫义”，道出了中国传统文化人伦关系中处于不同地位的个体责任和义务。自此，获浦人孝义代代相传，获浦村被誉为孝义文化最正宗的根基，“孝义获浦”也因此得名。

进入大门是下堂，东西置两个正间，上下堂之间设有天井，四面屋檐，为聚水明堂。天井两旁各设厢房，天井内排水通畅。上堂为中堂，中间悬挂着申屠开基的画像，两旁对联上书“一等人忠臣孝子 两件事读书耕田”。上堂的左右梢间，用木门隔成两个上正间。明间的屋柱都附有牛腿，图案清晰，雕刻精美。兰桂堂的整体设计布局简洁实用，朴素和低调中透出高贵和大气。

堂内周边墙上张贴着中国历史上二十四孝的故事，提醒后人“孝伴一生”。

自中华人民共和国成立以来，兰桂堂一直由申屠开基的后裔居住。由于自清代重建以来未曾做过大的修缮，屋内木料均霉烂破败，濒临倒塌。2006年，申屠开基后裔申屠德福、申屠忠君父子耗资百万进行全面修缮，使兰桂堂风貌依旧，并注入新的时代内涵。如今这里是中国国际孔子文化促进会孝文化教育基地、浙江理工大学文化传播学院孝文化教育实习基地、桐庐县党外知识分子联谊会传统文化教育实践基地，2016年11月被桐庐县文明办和桐庐县妇联设为“桐庐县孝文化家风馆”，2018年10月成为桐庐县社会科学普及基地，是中央电视台四套《国宝档案》“家在钱塘”拍摄点。兰桂堂，成为非物质文化遗产的旅游景区，是获浦孝义文化的传播站。

兰桂堂得到修缮保护后，不仅传播了孝文化，还因为获浦人心中为之骄傲的人士——唐逸，得到了传承和发扬。

生于1971年的唐逸，原名唐忠君，谱名申屠忠君，中国民主促进会会员，是孝子申屠开基的第九代裔孙。唐逸自小研习书画，现为中国国家画院院士、黄公望艺术研究院副院长、浙江花鸟画家协会会员等。

唐逸不仅是孝义文化的传承者，也是热心公益的慈善者。他开放“孝子厅”接待海内外游客近百万，赠阅《弟子规》等国学经典二十余万册，奔走各地公益讲学逾百场，创办兰桂堂书院培养后备英才。他用十万元书画义卖款捐助贵州五所学校，免费举办暑期候鸟班，为民工子弟学校学生讲授国学国画知识，并组织桐庐张氏骨伤科医院医生为村里老人义诊。

由于唐逸先生的大爱情怀，他先后获得桐庐县十大实践公益之星、桐庐县孝义文化非遗传承人等称号，还荣获第一届孔子奖章·仁爱奖荣誉奖，2015年6月被中国国际孔子文化促进会授为“孝文化传播大使”。

兰桂堂，正如它的堂名，如兰似桂，清香逸远。

怀耕堂："想家了，你就回来！"

黄水晶

怀耕堂

现今江南镇环溪村十三座徽派古建筑中，保存最为完整的要数建于清光绪末年的怀耕堂。怀耕堂坐落在环溪大礼堂西南约300米，坐东北朝西南，石框大门上镶"德星咸聚"门额，体现出主人尊德重贤，好结识有教养、有德行之人的秉性。

怀耕堂三间二弄二进，南北墙顶，砌有防火码头。房子东西长17.75米、南北宽14.20米，落地面积为252.05平方米。怀耕堂房子分为上、下两层，有十三个房间，为典型的徽派四合院风格。

由怀耕堂西大门入内即为一进明堂，明堂南北宽4.50米，东西进深三柱七檩，5.75米，两坡硬山顶。与其他堂楼屋不同的是，怀耕堂大门内没有安置门厅与木屏门。

明堂东面是一个南北长5.06米、东西宽2.0米的天井。天井由大青石砌成，四面水沟通畅。天井南、北、西三面分别留有一米宽的过道。天井两边厢楼，进深二柱，3.17米，两坡硬山顶。

怀耕堂内雕刻精美，秦琼和尉迟恭两大门神分刻左右梁上，怒斩违反天条的恶龙；环观天井四周的横梁和牛腿，姜太公钓鱼、诸葛亮收姜维、黄忠定军山、秦琼卖马、八仙过海等典故和传说跃然其上，貔貅和麒麟等瑞兽栩栩如生。板壁、隔扇、窗户也均为木质，槅扇和窗户上还有精美的格心。

明堂东边是二进。二进高一进一个台阶，进深四柱九檩，共10米，两坡硬山顶。二进邻天井一边，有一南北连通的宽1.45米过道。中间面西三间房间连在一起做成一个大明堂。大明堂南北宽由中间间宽4.50米和左右间2个3.15米组成；大明堂进深中间间第一柱到天井口1.10米，第一柱至东边第二柱4.10米，东第二柱至东第三柱0.95米。中间间左右两边间进深都比中间间少0.95米，即5.20米。大明堂南北两边，是用板壁隔开的楼梯弄。楼梯弄宽1.70米（连墙，实际只有1.30米），内里布有由西向东的木楼梯。

大明堂中间间太师壁上方高挂着“怀畊（耕）堂”匾额。匾额下是搁几、八仙桌与靠背椅。“怀耕”就是“怀归耕”，意思就是怀念故乡、归家耕田。“怀耕”出自唐代诗人温庭筠《余昔自西滨得兰数本移艺于庭亦既逾岁……遂寄情于此》最后一句：“幽丛靄绿畹（色），岂（难道）必（一定要）怀归耕。”大明堂太师壁后，是后堂。后堂进深3.85米。大明堂两边间的后面分别是进深4.80米的用屋。用屋东边墙上，都开有边门。

怀耕堂建造者周克久是清朝同治时期人。同治末年，环溪村人多以撩毛纸、卖毛纸为生。由于环溪人独到的造纸工艺，他们生产的纸闻名四里八乡，行销省外。周克久不仅有一手撩毛纸的技艺，而且头脑活络，善于经营。他先是将毛纸贩卖到杭州，后又经京杭大运河远销到苏州。为降低营运成本，他干脆带着周永生、周永春、周永财三个儿子远赴苏州开设了毛纸作坊。他的“恒丰”毛纸品牌曾名盛一时，深得苏州人的喜爱。

19世纪末20世纪初，苏州乃至江苏市面上流通纸币告急，清政府委托日本大藏省印制局精制票版印刷纸币。大藏省印制纸币采用的都是周克久纸行里出产的纸，因此周克久赚到了不少纸钱。后因思念家乡，他变卖了作坊，回到环溪村，在祖上的地基上谋划建房。房子断断续续建了十年，直到清光绪十年（1884）才最终完工。

怀耕堂按其功用区分，一层为用餐、会客、放置农具所用，二层为住宿休息、存放粮食所用。怀耕堂内所用木料有柏木、梓木、桐木、椿木，谐音“百子同春”；还有寓意红红火火的枫木，便于雕刻和做家具的香樟木，再配以松木、杉木等常用木材构建而成。

怀耕堂的木刻在“文化大革命”初期险遭破坏，幸得族人周言定急中生智以黄泥包裹其外表才躲过一劫。2005年，周言定出资对老屋进行了保护性整修；2013年，怀耕堂经过修缮变身民宿，终于蹚出了一条“利用与传承，保护与创收”的农村古建筑保护新路。

周毛娜民居：中西合璧的“洋房”

孟红娟

在江南镇环溪村的西面，天子源溪的东侧，环溪自然村519号，有一幢中西合璧的三开间三层“洋房”，这幢建筑为周毛娜民居。

民居建于民国三十五年（1946），由在上海做纸业生意发家的环溪人周毛娜

周毛娜民居

所建。

周毛娜，1916年出生，本名周克善，毛娜为其小名。在去上海发展前，周毛娜家生活异常艰难，按村里人的说法，“家里穷得叮当响”。毛娜有位叔父在大上海做纸业生意，随着经营的扩大和业务的发展，叔父急需一个得力帮手。于是二十岁的毛娜典当了家里仅有的农具，并向乡邻借了一些钱作为盘缠，只身前往上海。那是1936年，战争的阴云暂未笼罩上海，社会和经济局势都较安稳，生意也颇为稳定。

年轻的毛娜来到叔父身边后，发奋学习，起早贪黑，渐渐地领悟了纸业的经营之道，很快便成为叔父的左膀右臂，开始在上海站稳脚跟。

随着叔父年岁增高，精力和体力渐感不支，毛娜开始挑起叔父交给他的担子。由于毛娜的勤奋好学，加上天资聪明，纸业生意顺风顺水，越做越兴盛。几年后，毛娜在上海娶妻生子，独当一面发展并壮大了自己的事业。周毛娜的妻子不仅贤惠且善于持家。在夫人的鼎力支持下，自1936年至1946年，周毛娜积累了丰厚的财富，从一文不名的山里娃一跃而为上海滩的富商。

积聚了大量的财富后，周毛娜念念不忘生养他的故土环溪，也不忘当年资助他的乡邻，决定回故乡建造新居，新居便是这幢中西合璧的楼房。

楼房占地面积153.40平方米，坐东北朝西南，石木结构。四坡顶，置阁楼，屋面出檐大约1.00米，颇为大气。民居人字梁架，外墙用砖砌成腰封，四角砌筑成方形砖柱，做工精细。一楼的窗户装有铁栅栏，是一个完整的大窗；二楼和三楼是双连窗，为装玻璃的木窗。西北侧次间设西式转角木楼梯。从一楼到三楼，有带扶手和栏杆的木楼梯转角而上。扶手和栏杆均为欧式的镂空造型，花式简洁时尚，美观且大方，折射了当时上海滩的西式建筑风格。这幢三层楼的洋房，是当时环溪村里楼层最高的民房，在整个江南片可谓鹤立鸡群，成为全村人的骄傲，为环溪村唯一保存较好的民国时期典型风格建筑。

1949年后，周毛娜民居曾作农会。1956—1980年为环溪小学和初中校舍。目前，周毛娜民居为村里所用。

义峰厅：屏源李氏的精神家园

刘月萍

江南镇环溪村屏源自然村三面为大山包围，北侧敞开，地势由南向北倾斜，天子源溪由南而北穿村而过。义峰厅就位于屏源村中心，是村中李氏的祖厅。它背靠三国时东吴大帝孙权祖茔地天子岗；东面是大山余脉；南侧有大山作屏障，且山高源深，源内有遮风塘水库。

义峰厅

据民国十五年（1926）桐庐县知事许人杰《严田宗谱序》记载，屏源李氏于明季时家纯公迁居屏峰源，与江南梧村李氏同宗，且同治十年（1871）前，梧村屏峰源修家谱均共为一册，同宗之谊实是不浅。

义峰厅建于清代，占地面积211.50平方米，坐西朝东，卵石墙，木结构，双坡硬山顶，南侧置马头墙山墙，三间二进四合式建筑。因一进是单层，所以前外立面三间仅有一门，无窗，白墙黑瓦，观感封闭单一，然而简洁却无呆板之感。门头原有图案，可惜经岁月剥蚀而无法辨认。走进石条门槛砖立壁大门，有1.30米进深的过厅，原有屏门遮挡，现仅存石槛，进门便对厅内一览无余。但从通长石槛及槛上门臼仍可看出当年建造时的用心。

第一进明间为单层，用三柱六檩，主柱粗壮直挺，为梓树做成；大梁制二栿，梁头有简单卷草纹修饰，梁下做三角形雀替，纹饰简单。次间用四柱六檩，部分檩条已霉烂，有的已经更换过。天井卵石铺筑，未见有特色图案。天井两侧原有边门。天井处四只牛腿用料厚实，以双面雕手法，雕博古图案饰草龙纹。下堂牛腿以方形图案，而上堂牛腿则以圆形图案，统一中有所变化。两侧为双坡硬山顶走廊，用二柱二檩，四只牛腿形制较小。第二进梁架用四柱七檩两层，沿两廊在天井处成重檐，形制较为别致。但二层并无裙板及窗户，只留下几根疏朗的立柱，不知是否原来就是如此？上堂三间共有七尊菩萨，慈眉善目，看似道教土地财神等神灵，神龛幔幛严整，供桌香烛齐备，应是当地信众出资供奉，以祈求保佑村民风调雨顺，人丁安康。

关于厅和堂的命名，还是有点讲究的。厅，古时候写作“聽（听）”，是听事之处的意思。到魏晋以后，才加上“广”字成为“廳”，意思是“取以听事也”，也用作见客、宴会、行礼、议事或赏景。所以“厅”在古代园林、宅第中，多具有小型公共建筑的性质，且较多门窗甚至半敞。而“堂”则是指高大的房子。在各类建筑使用上，人们有“堂以宴、亭以憩、阁以眺、廊以吟”的说法。也就是说，堂是用来举行宴会、宴请的场所。义峰厅第一进为单层，如果称其为“堂”，则与“高大”似不妥帖，故以“厅”称之。从中也可看出，自始建之初，义峰厅即为村中李姓族人议事决策的公共场所，在村中具有崇高的地位，可以说是屏源李氏的精神家园。

在义峰厅北侧前方，与之垂直布局的是“农会”，现作村老年活动中心之用，是一幢三间一弄两层楼房建筑，坐北朝南，石木结构，双坡硬山顶。正面原为木排门，后改砌筑卵石墙；楼层仍保持原样，木板壁，南侧有狭窄阳台。梁架用四柱七檩。西梢间为楼梯间。明间扁作梁厚实，并施以雕刻。整幢建筑进深较浅，现中间隔板和石槛已拆除，还可看到原有的痕迹。农会与义峰厅及其他建筑共同围合成一个院落，于南侧有矮墙，墙上开两个圆拱门，形成相对独立的单元。

农会的西北侧是净安居，小三间二层楼房，石木结构，西偏南和北偏东两角开小门，四坡屋顶，颇为时尚。据调查，该建筑建于民国，为富阳场口镇洋涨瓜桥埠人所建，为附近村落因各种原因而单身的青年妇女提供活动交流的场所。现在内部有西侧两道转折楼梯，应是后来居民改制而成。而东南角与农会连接处屋顶已挂落，二楼东侧之门窗也不知所踪。

2015年，义峰厅由桐庐县文管委挂牌为桐庐县历史建筑。据屏源村负责人叶全松介绍，他们已准备对义峰厅进行维修。

贤德堂：见贤思齐，立德树人

黄新亮

贤德堂位于江南镇深澳村591号，于清光绪三十三年（1907）兴建，至今已有110余年历史。坐东北朝西南，占地面积572平方米。双坡硬山顶，卵石泥木结构，五间二进四合院楼房，西侧建抱屋。

贤德堂

该建筑初建时未冠名，属申屠氏两堂兄弟合建之民居，子孙繁衍，家业荣兴。土地改革中，业主因家产丰盈，被划为地主成分。其居先后迁入七八户贫农家庭合住，其中一位新主人刘志相，木工营生，擅长木雕，他迁入后，将该堂起名为“贤德堂”，旨在告诫家族后代立身处世、待人接物、成家立业要以“贤”与“德”为根本。曾经在此屋明间边侧设立过村里四大队农会组织，为办公和开会的地方。

单道石框架大门，次间显得通透和敞亮，左右两厢房内置楼梯，隐秘而幽深。该建筑具有三个鲜明特点：其一是木雕的体量在深澳古建筑群中独占鳌头。枋、牛腿、雀替、屋檐、窗台、窗格等等，无处不是精工细刻，主要是《三国演义》中的人物形象塑造，以及诸葛亮空城计、赤壁之战等等重大战争、事件场景集大成之雕刻，还有名花瑞草仙果，以及狮子、鹿、孔雀等动物珍禽。其二是在建筑材料的选择上非常讲究，大都采用不易腐烂变质的木材，如樟木、梓木和麻栎。其三是天井的形制颇有特色。一进后，天井与次间保持平展，青石板、地漏、地下暗沟既感觉上延展了次间的空间，又很好地展示了天井的大气和开阔。同时，充分利用了内部平面空间，生活更趋便利化。另外，由于受土地限制，未设置退堂。

“文化大革命”期间，贤德堂木雕构件、图案的重要或重点部位受到非常严重的损毁。至今许多人物和场景无法修复，辨认困难，大大降低了美学效果和审美情趣。2010年8月，经维修后，才展现出目前的面貌。2015年10月被列为桐庐县历史建筑保护单位。

申屠绍美民居：显隐皆自如

黄新亮

申屠绍美民居位于江南镇深澳村西侧1400号。据现住户主人介绍，该建筑建于1942年，由申屠绍美开布店的祖父申屠喜松所建，坐东北朝西南，占地面积236平方米，由院落、台门和主建筑组成。主建筑卵石墙木结构，三间二弄，双坡硬山顶，

申屠绍美民居

梁架用五柱九樑。前置通面院落，宽14.20米，长6.40米。院落南侧建有台门，面阔6米，进深4米。台门梁架用二柱三檩，双坡硬山顶。台门后檐下的扁作花枋长达6.50米。2015年10月，被列入桐庐县历史建筑。

民居东面有拱形石框台门，门额题词疑似“奋发图强”字样，彰显主人艰苦创业、自力更生之精神。台门似“人”字披廊棚，遮阳避雨，通透敞亮。其柱子、梁架和牛腿雕刻有人物、瑞草及场景，细部精美，整体线条流畅。

台地平展，石灰黄泥夯实铺筑，下沉0.2米是院落明堂，宽约10米，长6米，鹅卵石铺筑。院落围墙高2米许，卵石黄泥，黑瓦白墙。院落北侧现建有平台一间。

主体建筑石条框大门，青石条单薄，明间高敞，南北两侧设有边门，两弄分别设置楼梯，二楼厢房由廊道隔开。明间雕刻简约又不失精美，低调也不失传统文化内涵。

申屠喜松，是20世纪40年代初江南一带小有名气的布庄店老板。他生性侠义，为人耿直，广结“三教九流”，生意做得红火。积累一定的原始资本后，他决定建造一幢实用、大气的楼房。但在建造过程中，颇费周折，主要是宅基地问题。该屋宅基地牵涉到村里十三户人家的土地，他挨家挨户做工作，一边请客送礼，一边调动关系，历时一年多，解决了十二户人家的土地问题，不知是出于什么原因，余下一户坚决不同意。因此，申屠喜松对原建筑计划做了一定的调整。建造时，特将主建筑西北外墙立面从离地面0.2米至2米左右高的墙角改为圆弧形，用弧形石条加固，寓意虽有缺憾，结果圆满。

申屠喜松育一子名为申屠绍美，终老于该屋。现该民居保存基本完好，明间搁几、八仙桌等家具依然存放。

整幢建筑大致有两个鲜明特点。一是漆艺精湛。从朱漆台门、廊棚，到朱漆大门、窗户、柱子、梁枋、格栅、楼板等等，全部采用传统的油漆工艺，至今少见脱落、变色、斑点等现象，色泽度和饱和度依然不减当年。二是明间多门。三间两弄、退堂及明间两侧皆设木门，一来日常生活、出行和会客方便，二来利于通风和采光，主人在显与隐之间可谓进退自如。

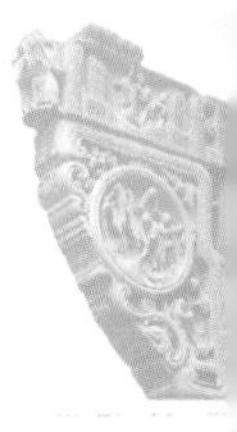

景松堂：转身“深澳里”

周华新

景松堂位于江南镇深澳古村之东南角，村民饮用水源“新塘”之东，隔明水沟于“凤林堂”南，与“福星堂”隔鹅卵石小路相望。为深澳村申屠氏二十五世申屠积云于清同治七年（1868）所建造。

景松堂坐北朝南，占地322平方米。五间二进，二层楼房，木结构、石墙瓦顶，马头墙。一进面宽15.50米，进深七檩6.20米，两坡硬山顶。天井两侧为厢房，四周花窗雕刻精细，保存完好。东西厢房配22块花窗隔板，雕以花鸟画面，基本主题为鸟与树，偶有一两块花窗隔板为荷花或兰草。画面中一对对鸟儿或双栖，或对语，或并翼；偶有一双蝴蝶展翅于兰花丛，还有一对鸳鸯双双嬉于荷花间。树枝、花卉之雕刻线条流畅，鸟之羽毛、蝶之须清晰可数，其用刀技法让人叹为观止。景松堂还有一特别之处，就是在房屋天井的青石板筑就的地面石板上，镌刻有“聚宝盆”的石雕图案，以祈求招财进宝、生活富裕。其花枋上雕有“二龙戏珠”图案，可惜一进之牛腿被盗缺失。房屋的二进面宽同一进，深七檩7.0米，明间置花格平顶檐廊，廊后起楼，重檐。整座建筑造型

景松堂

雅致，雕刻精美，有深澳古村落典型民居之特色。

景松堂一进左边房，在20世纪公社集体的年代，曾作为深澳村第一大队第三生产队队部，与居住于此的五六户农户共同使用。曾几何时，每到夜幕降临，鹅黄色的灯光下，生产队部内便人声鼎沸。最热闹的时候，要数年终分红的这几天，队部里人进人出，白天连着夜晚，更有父母带着孩子挤满了屋子，看着记账员打着算盘，听他高声地唱着各种数据。最吸引人的是唱年终分红账，某某家一年总共工分多少，折合人民币多少元，今年已经预支多少元，年终尚可分红多少元；某倒挂户，已经预支了多少元，到年终还欠生产队多少元。闻者若有余额，可分红领现金过年，则喜形于色；若为倒挂户，虽可支借五元十元过个年，但仍可见长辈的脸上挂满了来年的愁容。

时过境迁。如今的景松堂已改建成“云夕・深澳里”高档民宿。2015年，杭州亦舍酒店管理公司老总雷晓华聘请中国当代著名建筑师张雷对景松堂进行新概念设计改造。改造后的景松堂，外墙底部之卵石呈醒目洁白色，与年代感的粉墙黛瓦，形成强烈反差。不仅原汁原味地保留了木雕建筑，还新置图书数千册，既引入高档餐饮，更有深澳特色小炒。既可品茗、饮咖啡，亦可读书、吟诗，在享用可口美味的同时，亦享受书籍带来之精神大餐。

景松堂的成功改造，被张雷认为是自己最有成就感的作品之一，它集民宿、料理、书局、咖啡店为一体，看似公共建筑，实为文人墨客在乡村的栖息地。“云夕深澳里”非同一般民居，包含了“云书局”“云料理”“云咖啡”“云会”等复合业态。“云书局”：是乡村公益图书馆，存八千余册图书，供村民免费翻阅，是做公益、聚会的好地方。“云料理”：提供乡村料理、创意餐厅，是一家中西融汇的创意餐厅。可品尝到深澳特色的油沸馒头、冰米糖、糊麦粿等传统美食。“云咖啡”：落雨、魔幻在“云夕・深澳里”，有一款咖啡叫作“云咖啡”。说它是“云”，是因为在喝它的时候，有一朵云会慢慢变成雨滴，落到咖啡中，就像在上演魔幻剧。“云会”：让远行的游子，对乡土产生情怀、交流与归属感。按设计理念，可定期组织各类村、社的沙龙，重建集体归属感。很多村民也能借此闲话家常，或者组织一些活动。还有“云造”，让工艺品融合在传统的风土人情之中。它不仅涵盖了项目建造过程，也可作为当地传统手工艺及日常用品的展示空间。

有人说，是设计者，更是新时代赋予了这幢一百多年古建筑新的生命。

盛德堂：厚德行天下

黄新亮

盛德堂位于江南镇深澳村东北面，坐东北朝西南，兴建于清康熙二年（1663），占地面积260平方米，三间二弄二进四合院，东侧抱屋组成，设有走廊，砖石木结构，屏风马头墙。

盛德堂

前进为双层，石条框架大门，门额题词“美真济世”，寓含“求真求美，德行天下”的普世价值观，诠释主人为人处世之道，以及代代相传的中华传统美德。走入大门，东西两侧设边门，内置通往二层厢房的楼梯。进次间分别是两道外低内高石条门槛，再设置一道1.6米左右的腰门，实为民间智慧的科学运用。在不影响基本采光的前提下，一来可阻止家禽之类闯入，二来具有相对隐蔽性。明间卷棚顶檐梁，屏风马头墙。下沉式天井用青石板铺筑，天井两侧厢房和廊轩，屏风墙。二进高出一进0.3米，明间置重檐，设通面券顶前檐廊，两侧开边门，各有楼梯通至厢房，檐后为二层楼房，屏风马头墙。穿斗式梁架。厢房与前、后进楼屋相通，形成“回”字形结构。

整幢建筑的木雕简洁，但见功力，牛腿刻有凤凰、灵芝和文字等图案，梁枋刻有人物、祥云等图案，其人物栩栩如生，场景生动，花格窗户，平板刻制祥云、瑞草图案，裙板普通平展。因“文化大革命”时期损毁严重，许多图案整体模糊，线条断断续续，难以产生审美效果。

近年来，经修葺，盛德堂历经三百五十多年的风雨洗礼后，重获新生。2015年10月，盛德堂被列入桐庐县历史建筑保护单位名录。

戴笠公馆：回望扑朔迷离的背影

黄新亮

戴笠公馆，又名洋房，民国时期建筑，位于江南镇深澳村，占地面积183平方米，歇山顶，砖木结构，面宽五开间。坐西朝东，独门独院，院落内明堂地开阔，大面积卵石铺筑，且构筑步行道至主楼及各功能区，一年四季花木扶疏，独家澳口取水。1944年国民党军统局副局长戴笠出资建造，用于训练特务和幽会情人。

戴笠公馆

楼房皆设置两道窗户，外层是防弹铁皮，里层是加厚钢化玻璃，只能向外瞭望，隐秘而又安全。也是戴笠金屋藏娇之处，民国时期著名影星胡蝶曾居于此。中华人民共和国成立后，一度为深澳乡政府所在地。2015年10月其被列为桐庐县历史建筑。2016年上半年对外开放。2019年10月重修。

戴笠是中国近代历史上最富有传奇色彩的人物之一，1897年出生于浙江省江山县，原名戴春风，字雨农，号称“蒋介石的佩剑”“中国的盖世太保”等。1946年3月17日1时13分，戴笠专机在南京郊县江宁的岱山坠毁，机上人员无一幸免。

近代文化名人章士钊先生给戴笠题写挽联：“生为国家，死为国家，平生具侠义风，功罪盖棺犹未定；名满天下，谤满天下，乱世行春秋事，是非留待后人评。”

潘望的传记小说《特工风云戴笠》中也曾写道：“当我们拂落历史的尘埃，纵观戴笠那跌宕起伏的一生，有惊叹，有拍案，有鄙夷，有遗憾。这段传奇人生归于尘土，戴笠所留给后人的，也仅仅只剩下那个扑朔迷离的背影……”

荆善堂：三生一宅话古今

周国文

荆善堂

荆善堂位于江南镇深澳村怀素堂东侧，中间隔一卵石小弄。是申屠氏二十四世孙，后三房申屠发勇公于嘉庆七年（1802）兴建。占地1012平方米，坐北朝南，砖石木结构，双坡硬山顶，四合式楼房。建筑年代稍早于怀素堂。由三进主建筑、前院、东抱屋及私塾组成。前院通面宽23米，进深6米，卵石铺筑，建有单坡台门，二柱三檩。主建筑荆善堂三间二弄，第一进三柱七檩，前双步后五架梁。

天井面积是深澳村现存古建筑中最大的（约9米×7米）。石板铺筑的天井，其两侧厢楼，二柱三檩，双坡硬山顶。二进建筑，四柱九檩，前后双步，内五架。前双步间置卷棚顶檐廊。后天井石板铺筑，两侧厢楼，二柱三檩，双坡硬山顶。后园和私塾已多有改造。东侧建有四间楼房，可通后园。

深澳村以“澳”为主要特色。荆善堂东西两侧建有对称的“澳口”。西边的“澳”设在西墙外，卵石砌壁，地面下去有六七个台阶，用石板铺设，加有石条围栏，确保行人安全。东墙下亦有一澳，地下水通入，只供家人使用。这是深澳村目前唯一保存下来的宅中水澳。

深澳村的地下水系形成于明代。当初在规划村落建设时，首先规划了村落的水系，让整个村位于地下水系之上。整个水系由溪流、暗流、明沟、坎儿井和水塘五个层面构成，并使水始终处于流动状态，是一个独立而完善的供排水系统。整个系统通过“明澳”和“暗澳”将饮用水、生活水和污水分开处理，地表上流经房前屋后的水渠为“明澳”，明澳是生活污水和雨水的泄水道；暗澳则在地表下，最深的暗澳离地面有4米深，暗澳上方照常建房和修路，每隔一段距离就设有一个澳口（水埠），供周边的居民取水使用，现在全村存有二十一个澳口。

据申屠氏三十一世孙申屠一明介绍，申屠发勇有五个儿子，其中两个儿子不幸夭折。他以制作毛纸发家，相传死后，三个儿子决定分家。他们将家产分为三等份，别的财产都已分妥，唯剩一株紫荆树不好处理。他们商量了半夜，议定次日将树截为三段，每人分一段。但这树好像有灵性，第二天去截它时就已经枯死了。三兄弟十分震惊，认为是天地鬼神的暗示，逆天而行会招致不祥，于是决定不再分树，紫荆树又复活了。他们大受感动，把已分开的财产又合起来，从此不再提分家之事，并将家宅改名为荆善堂。东抱屋为二十五世大儿子申屠世典（举人）所有，取名“三友轩”。

荆善堂现改为民宿，取名“三生一宅”，已成为远近有名的古村落民宿之一。2017年5月1日正式对外经营的“三生一宅”寓意“追溯前生，重塑今生，创造来生”，也是老宅的三生三世。“三友轩”现在也成了会客的场所，“三友轩”前的小天井现已改建为“称心如意”厅。荆善堂原有的菜园地现在也改建成了玻璃房（徽派建筑的旧梁柱、四周屋顶用的是现代的玻璃）和游泳池。2017年以来，“三生一宅”先后荣获“中国乡村（民宿）经典作品”、2017艾鼎国际设计大奖民宿设计金奖、中国十佳民宿设计金奖等二十余个奖项。

蕴轩堂：藏蓄之堂

周国文

蕴轩堂

蕴轩堂位于江南镇深澳村怀素堂弄南侧。道光三十年（1850）兴建，占地175平方米，建筑面积324平方米。“蕴”即积聚、藏蓄之意，也指事理深奥之处，如底蕴、精神。“轩”指带有长廊的屋子。蕴轩堂，意指蕴藏知识的廊房。

蕴轩堂建成于清末光绪年间，为申屠氏第三房大厅的东抱屋。三房大厅于20世纪70年代毁于大火。蕴轩堂坐东朝西，砖木结构，三间二弄二厢一过楼，三合式楼房，双坡硬山顶。大门(为原三房大屋第二进的东侧门)内，明间建有单柱三檩、单坡硬山顶的过楼，用以

连接天井两侧的厢楼，主屋三间二弄，五柱七檩，双坡硬山顶楼房。

蕴轩堂的建筑保存得较为完整。后因为人口增添，两厢被用砖墙改造，整座建筑木雕装饰保存得较为完整。

蕴轩堂的天井，长7.5米、宽2.5米，没有凹落的排水沟，只在靠近厢房两侧的石板上开凿有四个排水孔，雨水通过排水孔排入阴沟。

蕴轩堂的牛腿由于整体堂楼面积偏小，相应也偏小，高仅0.6米左右。擎枋上的字也已被破坏。后堂柱与梁相交处的雀替也只有约0.4米×0.4米。厢房窗户也与其他建筑不同，仅为两扇小窗，楼层裙板无雕刻纹饰。

整座建筑牛腿、天井、门窗、厢房等等都显得比较简洁。这也是蕴轩堂的主要特点。

怀荆堂：追忆似水年华

陈　晴

怀荆堂

踩着卵石铺筑的路面，行走在江南镇深澳村的老街上，两侧饱经沧桑的历史建筑，仿佛一条时光隧道。我在寻找一座晚清时代的建筑——怀荆堂。21世纪初，县文物部门对这座建筑进行过维修，当深澳古村成为旅游景区后，有人租下它，将它改成咖啡店，取了一个好听的名字“民国记忆”。

这座建于1891年的建筑比辛亥革命早了二十年。它的主人曾受过西方文化的影响，也使这座建筑带上了一些西式建筑的特点。

怀荆堂，坐西朝东，占地440平方米，是为了适应南北走向的大街，使大门临街，平面呈“品”字形，开砖墙，双坡硬山顶，五间二进楼房。第二进的两侧建有南、北抱屋，南抱屋是厨房，墙外是三房弄；北抱屋是一座三合式的精巧楼房，隐蔽而安静，有侧门通向外面祠堂路。

进入大门，就看到弯弯的月梁一支连着一支，如同北海跃出水面的海豚。宽厚的扁作梁，托起了一个大的空间，它有个名字“五架梁”。比之同类建筑，怀荆堂的第一进确实有些特别。它像其他传统建筑的第二进。其他古建筑二进的后退堂，在这变成大门后的前堂，用作店铺门面；前堂后的太师壁将一进的明、次间隔成大厅，太师壁不面对大门，而是面对第二进和后墙。这样的布局十分紧凑，还大大地提高了利用率。

据说怀荆堂的主人豪爽好客。抗日战争的时候，为保卫家乡，他出面组织了一支二百余人的地方武装“猎人队”。1940年10月，驻浙的侵华日军发动“十月攻势”经新登进犯桐庐。国民党陆军79师奉命阻击日寇。其235团于12日晚赶到深澳。国军指挥部连夜在怀荆堂召集当地士绅开联席会议，猎人队及深澳全乡两千余民夫支援作战、送饭送水、救护伤员，支持国军重创日军，保卫了自己的家园。

当年的主人早已不在，他的后人也步入了耄耋之年。如今的主人，是几个来深澳创业的年轻人，他们租下这幢建筑，为那些参观古村的人们提供一个歇脚的地方。他们找来了一些民国时的古董，将它们尽可能地陈列起来，各式各样的老式咖啡机，俨然一个小型博物馆：复古的收音机、英文打字机、手摇电话机、煤油灯……不知不觉间，把人们带到已逝去的民国年代。一幅已发黄的老相片中，老上海的黄浦江在相框中涌动。天井边的厢房里，两条红色的双人沙发椅间是一张木制长桌，桌上的玻璃瓶中插着一束淡紫的薰衣草。来自遥远地中海的小花，散发出一缕缕的清香。这一切都使人们仿佛回到了20世纪的十里洋场。

透过天井的玻璃帷幕，我的视线落在走向北厢房的过道口。友人曾告诉我，怀荆堂中有个秘密：那里的地下有一个“土冰箱”，在去北厢房的过道口。按友人的指点，我找到了“土冰箱”的入口，但没有去动，宁可将这个秘密藏在心中，作为一个收获。

向前几步，推开小门就进入了东厢房，这是一个三合式的楼房，三开间。小巧隐蔽，高墙之下居然有早先的小天井。小小角门外是一条甬道，甬道外是小弄，可见怀荆堂主人建房时的匠心。村里人传说1949年初，浙东人民解放军金萧支队的一支小分队曾多次在怀荆堂的东厢房里驻扎开会。怀荆堂的主人，自有他的故事，人们似乎也不愿讲或讲不清楚，于是我只能根据“怀荆堂”这三个字来做些推测。

中国传统建筑，往往都有“堂”名，这多少都有些讲究，除了能使人们方便地知道这是“谁”外，还反映出取名字的长者的希望。

荆字，使我联想到的就是“荆棘”“荆芥”“荆州”，从字的本意上去探寻，取名怀荆堂，可能是希望后代记住创业的艰难，那是一条披荆斩棘之路；也希望后代牢记，以后的道路也不会平坦。

离开怀荆堂，大门上方的木匾泛着紫褐色代表了深澳这一方的乡土，“民国记忆”四个字则是留在这方土地上的历史。

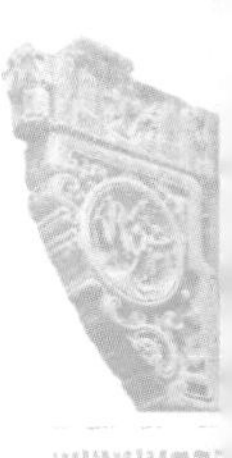

八房厅：不蒸馒头争口气

陈　晴

八房厅

八房厅，又名遗德堂，位于江南镇深澳村老街南头，建于民国二十六年（1937），是一座石木结构的三间二进四合式的单层建筑，坐北朝南，占地面积452平方米，双坡硬山顶，观音兜山墙。八房厅没有大门，左、右两侧各开一处顶为圆弧形的边门，檐下三个方形的窗户镶嵌在白色的墙上，显得简洁规整。

八房厅是由申屠氏第八房的族人集资建造的。据说，20世纪的某一天，八房的人跑去前房厅看戏，不知因为八房是申屠氏最小的一房，还是其他什么原因，他们让大房的人给嘲笑了。当天晚上，八房的人就悄悄去了前房厅，特地围着房子走了一圈，步测了大房厅的面积，立志要建一个比它更大的厅堂，建一个比厅中戏台还大的戏台。

造房子所需要的梁柱木材都要自行从山上运回，但八房人少，运回这些粗重木材，不仅需要大量的人，还要有力气。八房人少怕抬不回来，让其他村民嘲笑。因此，等天黑之后，才偷偷上山，寻找合适的树木。砍伐后，试着抬，若是抬得动的，等到第二天天亮后，再抬着木头进村。一来可以显示八房子孙力气大，有力量；二来也不会被其他村民嘲笑轻视，挣回八房的面子。硬是这样起早贪黑，拼着争口气，八房的人终于将全部木料从山上运了回来。

八房厅的西侧有一个小门，走进小门，看到一个用卵石铺砌的大天井。大天井的东西两侧为过廊，南面是戏台，北面是正厅。这布局与前房厅十分相似，不同的是这里的戏台更大更精致。戏台位于一进明间，面宽8.6米，进深3.2米，台高约1米。分前台、后台、看楼三部分。一面板壁将戏台一分为二，左右开两扇门，以供演员出入前后台。这两扇门过去有门额，上面写着“出将”和“入相”，“文化大革命”中被毁。演员通过这两扇门从后台登上前台表演，表演完毕，返回后台，他们化妆、休息都在后台。前台的两侧是左、右看楼，这是给客人和族中长辈坐着看戏的地方。其他人只能在天井和正厅里看戏。过去演戏，在农村里是一件大事，十分隆重热闹。老太太老爷们会早早在正厅摆好凳子，而年轻人则喜欢挤在天井里看戏，很像鲁迅在《社戏》中描写的场景。

与戏台相对的是八房厅北面的正厅——遗德堂。遗德堂面阔三间，九檩四柱，前后双步，内五架梁，屋面被梁架高高撑起。五架梁的作用在于减少柱子，增大屋内的使用空间。

祠堂是供奉祭祀祖先、延续门风、聚会议事的重要场所。房厅，在深澳也有着和祠堂相似的作用，只不过房厅只能是房族所用，不是宗族共用。八房是申屠氏中最小、也是人数最少的一房，财力、人力有限，所以建八房厅是先建了后进，再扩建前进的。齐心协力建成的八房厅，占地面积比前房厅占地面积大。建厅时先规划戏台，相较前房厅先建房后建戏台来说，有了更大的自由。

争一口气，争出了一座八房厅。今天的八房厅经过修缮，较好地保存了下来，也是应了遗德堂的名字，留下了先人的德泽。这样的“争气厅”也反映出了中国人骨子里的坚韧和持之以恒做事的决心，传承了一代人的志气，立意深远。

周家厅：濂溪水流到深澳

周河源

周家厅坐落于江南镇深澳古村落之东南、老街北，东邻古水系第一澳口，为明代深澳村周氏族长周宏珽于清宣统二年（1910）发起兴建的，时深澳村周氏仅有十多户。周家厅原计划坐北朝南，因南向紧贴一户农家小屋，与屋主几经商谈不允置换，才改厅屋之朝向为坐东朝西，三间两弄一进九檩，一层木结构石墙瓦顶，两坡硬山顶，属徽派建筑风格。整座大厅，面阔15.7米，总面积297.79平方米，在围墙侧设有南、北二侧门。西面有占地200平方米院子。

20世纪，周家厅曾作为深澳村第一大队第三生产队农业用房。在院子西南面建有集体粮食加工厂，今转为私营，仍对外加工经营。

乡间祠堂（厅）大多为宗族聚会议事之地，同时也记录着某一氏族的发展历

周家厅

程。深澳周氏历经波折，一旦稳定了家业，就教育子孙后代，勿忘报答祖先之恩德。更要弘扬周氏家族的家风，饮水思源不忘本，敬仰自己的祖宗。为此，他们决定修建寺庙。当时，深澳村周氏壮丁不多，但周氏后人不畏困苦艰险，以十八男丁为主，肩扛手拉，入深山取木材，出溪滩装泥石。披星戴月，有钱出钱，有力出力，齐心合力建成了“周家厅”（按祖训环溪村先立周氏宗祠“爱莲堂”，深澳周氏后人只能建周氏厅）。从此，既可在此共同商议氏族之大事，亦可在逢年过节时聚众祭祀先人、追思恩德，以敬孝礼。

上海博物馆藏《桐南爱莲堂周氏族谱》：桐庐桐南深澳周氏系汝南周氏分支，属宋朝理学思想开山鼻祖、文学家、哲学家周敦颐后裔。虽几经变迁，历人丁增减，但优良家风世代相承。

宋末元初，周昌，号宏远（周敦颐第八世后裔），偕季子宗礼慕严子高风，遁迹富春，自吴江始徙富春太平里，是为富春始祖（今富阳区春江街道太平盛家桥）。周宏远后裔分四派。其中，迁桐江者为新一公之派。新一公（十二世），即德玉公，生元末明初。明洪武年间（1368—1398），新一公携次子珪薄宦于桐宣教是职。父子俩以道学宣教，耕耘杏坛，来往于钓台、白鹤山水间，故新一公为桐南周氏始祖。明洪武十七年（1384），次子珪被深澳申屠氏聘为西席，特爱富春山水之清幽。不久，便入赘深澳一经营客栈的沈姓家为婿，遂定宅于此，开深澳周氏定居之先。其后代为图繁衍，又选青源溪与屏源溪之双溪环抱地，取名“环溪”，为世居地。深澳周氏一分为二。

至明后期，深澳周氏面临断丁之忧。二十五世周公宏斑从环溪回迁至深澳村居住，成为今日深澳之周氏先祖（亦称为环溪周氏后二房分支）。至今，深澳周姓已传至周敦颐三十六世，二百余人口。深澳村近代周氏后人中有周天放，桐庐民国时期民众教育馆馆长、《桐庐民报》主编，编有《富春江游览志》（与叶浅予合著）、《西征记》等；有担任深澳乡首任乡长周太安；有全国“三八”红旗手、第十三届全国人民代表大会代表周忠莲等杰出族人。

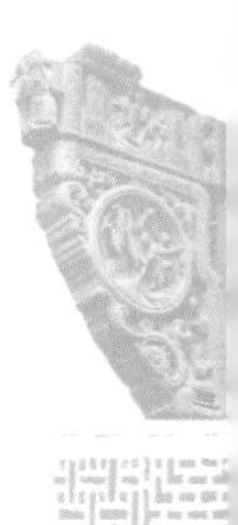

染坊：旧时风景繁华地

陈　晴

江南镇深澳老街形成于清代晚期和民国时期，不仅有商铺，还有作坊和卷烟厂。

在老街的南头，有块小小的三角道地。道地东南角，有一块长方形的小缺口，缺口南边和西边围着涂朱漆的栅栏，东边是一座木排门的小屋，缺口处则是一条灰色向下的石阶。台阶下，是一条水渠，清澈的地下水汩汩流过台阶边，成为一个幽深的小水埠，南来的水从北面出水口慢慢流走，消失在老街下。这就是桐庐江南地区常见的“澳”。

染坊

澳口边的房子，过去曾是老街的染布坊，坐东朝西，坐落于老街南头。卵石墙，硬山顶屋面，木结构，是一栋三间后两厢的三合式楼房。前面三间是店面房，临街而立。通面木排门，楼层挑出，出檐很深，约1.5米。店面前的阶沿用石板铺就。北次间整个架空在水澳上面，一个木架挑出在窗外，街上的人倚着栏杆，隔着水澳就能从木架上取到东西，实在方便。

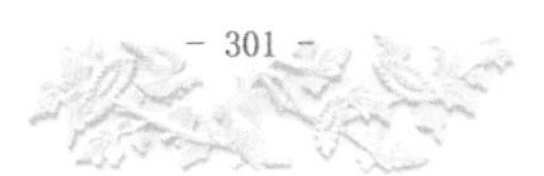

走进染坊，里面还有一个后天井，天井中是一条小小的甬道，它是由三条长有青苔的石板铺成的。穿过天井，是一道小门，据说这小门后面就是原来用来染布浆布的地方，但现在只有一排新建的房子。

据老人讲，这座染坊建于1919年。与染坊只有一墙之隔的是三开间雕花街面房，以前也是商铺。这房与其他三开间房不同，它是两侧次间开间大、中间明间开间小。两侧次间作为店铺，宽4.14米。正中明间只有3.6米宽，被用作过道。过道后是一座四合式住宅。店铺次间比明间宽，有些富丽堂皇的屋檐下，通面24个花窗。花窗上由棂窗组成规则的几何图案，它有一个吉祥的名字叫步步锦，寓意人们在事业上会事事成功、步步高升。同时兼有传统观念里“天圆地方”中“地”的含义，代表着一切生命的依托。

花窗下的花式栏杆代替了原本的裙板。两侧次间的花栏用万字纹装饰，“卍”字四端相接，连绵不断，寓意“富贵不断头”。明间则改用“寿”字纹花栏，用回字纹作底，饰以花草纹，喜气大方。

最引人注目的是栏杆下的卷棚和花枋。枋上雕刻着双凤衔玉，舒展的凤尾后旋，缠绕藤枝，妩媚纤卷，藤藤相连。牡丹富贵，金雀欢快。明间的卷棚和花枋略显不同。两条喷水戏珠的长龙腾飞云间，使这门脸更添气势。花枋上的平梁被两只榀架斗均匀隔成三部分，每一部分的雕刻都独立成为一幅吉庆图。屋檐下的花窗、花栏、花枋以三个层次，和谐而富集成一幅美丽的轴画，就这么展示在老街上，尽显大气。

这些精美雕刻无一不表现出建造者对吉祥富贵的向往。花枋下的卷棚，出檐约1.2米。站在棚下，遮阴挡雨。卷棚旁还有四支垂花柱，这样的柱子半悬在空中，因木柱底部刻有花卉而得名。用垂花柱出挑屋檐，既加大了空间，又增加了美感。

天井后有一堵开砖高墙和石框架大门。大门后是一座二进的四合式宅院。可惜它的第二进已被拆除，只剩一进建筑，虽然梁架和雕刻都保存得较为完整，但总觉得有些冷清。梁架黝黑，但柱上的牛腿却还是一派生机：一边是小鹿正在母鹿身下吃奶，另一边是公鹿衔着灵芝。枋上则刻着武将文臣，雀替上刻着和合二仙，体现了房屋主人希望家中和睦、子弟成才、人人长寿的祈愿。这也是中国千年来建筑与人文合一的美学。

传统古建筑一般都采用前庭后园的布局，但在深澳，为了适应时局的发展，民国时期出现了前店后宅的建筑，并成了一种常态。这还缘于深澳村生产的竹、木、柴炭和草纸吸引了许多外地人前来经商，于是建筑就从单一的生活居所发展为生产、经济、生活合一的实用主义新形态。

素吾堂：耕皋诗社诗教传承基地

李　龙

素吾堂

桐庐民间关于居住条件的最高标准，莫过于“十间四厢”。在江南镇石联自然村，就保存着一幢这样的民居，或简称为“十间头”，其实堂名为“素吾堂”，现为方为民等户所有。

据调查，这幢民居建于1935年。建造者方孝函（胜山），是现户主之一方燕群的外公，为1949年前原艮山门火力发电厂厂长，解放后任浙江大学教授。

素吾堂位于石皋村委西侧，坐北朝南，五间二进二天井四合式楼房，砖木结构，占地391平方米。门前有小道地，道地前为村中大澳。建筑前立面一楼为一门四窗，青石门框和门额，门额内容疑为“惟吾德馨”，只是为石灰所覆盖，难以确认，门枕石雕树枝图案；一楼窗户皆以青石条做框，上置拱形窗罩，窗罩已损毁；二楼均匀分布有六个窗，与一楼五间的开间不完全对等；一进顶设置了楼阁式天窗，有人说是为了采光，但笔者以为更适合登高望远或登屋顶维修之用。

一走进屋内，就忍不住扼腕，因为天井原八个牛腿于几年前悉数被盗，只留下榫装印迹和斑斑盗痕。好在现在已维修，新装的牛腿雕工还算精致。

因为住户们并没有留下照片，所以当年的模样也不可再现了。但通过残留的构件雕刻，我们还是能大约猜测出原件用料的粗壮和雕刻的精美。只见上堂枋木正中雕刻着福星送瑞图案，三老二幼五个人物形态栩栩如生，边上饰以松树和山石；枋上隔板雕以荷花和兰花图案，花叶舒展自如，雀替雕刻精致；二楼置走廊，檐下挂落制作精美，但略有破损；栏杆巡杖（抚手）、盆唇及万字纹地霞完整，但栅栏似为后来更换，已无美感，且还零乱。明间大梁为巨大的方梁，雕刻着双狮戏球图案，以画卷的形式展开，雀替雕双鱼，梁下灯笼钩俱全。

屋内整体结构为一进明间前双步置回堂，进深四柱九檩。天井用青石板铺筑，两侧厢楼均为双坡硬山顶，三柱五檩。

当年土地改革时，素吾堂被分给了十户人家，每户一间。现住户大多已建造了新居或住于别处，所以这里不再有常住户，只有晚上偶尔还有人会住宿在此。于是，维修前这里成了大家堆放闲置农具等杂物的场所，基本处于无人管理状态。所以就出现了牛腿被盗也无人及时知晓的情况。现在经维修后，这里已经作为“耕阜诗社”加以利用，室内也布置了方氏先贤以及相关唱和的诗作，全部由县内书法家书写并加以装裱，上堂也布置了搁几和八仙桌，前中堂书画齐全，由县内画家和楹联家创作。布置总体看起来整洁有序。

当打开二进的边门，便进到了另一个天地。两侧设厢房，中间靠后墙有一个很大的青石板砌筑的鱼池，石栏板高1米许，鱼池宽约1.5米、长约4米、深约1.5米，现未存水，池底青苔密布，生意盎然。后堂两个牛腿保存完好，两面各雕圆形框内松鹿和耕牛图案，外辅以花卉，替木外侧为牡丹花；整体感觉壮硕结实。小檐廊雀替为树下双马图案。梁上垫木刻“光前”“裕后”。

在后厢房板壁上，悬挂着两框画像。仔细辨认，这两幅题为“大哥磁照”和“大嫂磁照”的画像，其下及左分别题有“江西南昌中山中路程兴盛绘照”及“弟鸥舫谨绘于南昌军次廿年二一”字样。这可能是民国二十年（1931），方游在南昌时，他大哥大嫂前去探望时所绘。只是不知是方游亲绘，还是方游带兄嫂到绘相馆所绘。

通过设于各厢房的四张楼梯，可以安全上楼，去檐廊感受走马堂楼的气派，也可以登上阁楼去看看邻屋鳞鳞的屋瓦和参差的马头墙，以及外面和远处的风景。那种意境和释放，正是建筑美学所赋予的外延。

敬吉堂：书香门第人家

许马尔

敬吉堂，位于江南镇珠山村王家自然村西北面，坐东北朝西南，面阔14.8米，进深15.75米，总面积233.1平方米。敬吉堂开间采用当地较常见的三间两弄，前厅后堂，二进二厢，前后均有楼梯通向二楼，双坡硬山顶，为砖木结构徽派建筑。

敬吉堂明堂开阔，正面高墙中间为青石框架大门，门楣石上镌有出自汉焦延寿《易林·屯》的“和气所居”四个大字，大门两侧各开一扇窗门，二楼檐下有六扇小窗门。

步入敬吉堂大门，进深不足2米处有一高高的条石门槛，门槛上置有木质屏门。照厅门后乃乘轿来访者落轿之处，轿厅两侧因当年是袁氏兄弟两家所居，为各家灶间和前厅楼梯弄，一进为三柱五檩，双坡屋面。

敬吉堂

走过前厅，中间为矩形天井，天井由大块茶园青石板铺筑，中间石板几乎与厅堂地坪持平。天井两侧为厢楼，一楼厢房位于天井一面为敞开式，用活动槅扇分隔室内外空间。厢房三根檐柱之间，其中两柱之间为六扇窄窄的槅扇门，另两柱之

间为一扇较宽的槅扇房门。槅扇的槅心、绦环板和裙板有精美的装饰，最为引人注目的还是槅心部位的冰裂纹图案了，纵横交错、层层叠叠、晶莹剔透、清新雅致，给人以无限的遐想。绦环板上原为二十四孝内容的浮雕，可惜在动乱年代已被劈削得面目全非。

袁氏在晚清系书香门第人家，故槅扇上用冰裂纹图案的较多，因为冰裂纹图案寓意满腹诗书。在古代，书生有“寒窗苦读”之说，在寒冷的冬天，读书到深夜，直到窗台上有冰凌为止。

二进是整幢建筑最重要的地方，三间皆为明堂，四柱七檩，两侧为六尺楼梯弄，中间明间太师壁比两侧次间后退1米左右，太师壁后面为退堂。左右次间退堂旧为袁家兄弟各自的书房，当时书房地面与条石门槛一般高，并且铺有高踏板，即木质地板。

天井四周的木作构件均在动乱年代遭到破坏，牛腿等雕件不是被劈削损坏，就是被泥灰所涂抹，但隐约可见当年之奢华。比如天井四周梁下有“垂莲柱”，一对对倒悬的短柱，柱头向下，头部雕饰宫灯等形状，看上去不仅喜庆风味浓郁，而且具有较强的装饰性效果。

明间两只牛腿虽已面目全非，但还是可以看出为舞狮子、送祥瑞的习俗内容。左右两边山墙各开有一扇边门，俗称龙虎门。提起敬吉堂不得不说屋后的敬义堂，因为两幢房子相距不远，又为同时期的建筑。据现年七十六岁敬吉堂主人袁振炳先生介绍，当年他的曾祖父打算两幢房子合在一起，建造一幢“十间四厢”房子，只因中间地基与邻居协商未果，后来只好分别建造敬吉堂与敬义堂了。

珠山村袁氏堪称名门望族，为桐庐有名的中医世家，其家人自幼受中医药文化的熏陶，中医薪火世代传承。至清末民国初期，这个家族袁显渠、袁明鸿父子不仅在县城坐堂行医，而且开起了国药堂，在桐庐南乡一带也算是富有人家。袁显渠于清末为五个儿子先后建起敬承、敬吉、敬义三幢堂屋，其中长子袁明澍、次子袁明沄为敬承堂，其余三子以抓阄的方法，四子袁明湖独分敬义堂，而三子袁明鸿与五子袁明洮分得敬吉堂。其中敬承堂建造的年代比其余两幢早三十年左右。

袁显渠孙子袁昌益年未弱冠即考入浙江中医专门学校，后转学沪上，毕业于丁甘仁创办的上海中医专门学校，以第八届优等生留校任教，教学之余常与师友丁济万、程门雪、秦伯未等交往，故对我国著名医派之一的孟河丁氏学派知之甚深。抗战国难，上海沦陷，袁昌益先生旋归里开业。精内科，对四时热病尤具卓识，生平治学推崇叶、薛，专宗丁师之学。晚年致力于妇科，退休在家，求诊者仍络绎不绝。

敬承堂：古朴典雅不失当年风采

许马尔

敬承堂，位于江南镇珠山村祝母山东南边，坐西北朝东南，三间二弄二进，青砖小瓦马头墙，天井厢楼花格窗，这是一幢袁氏家族建于清末的徽派建筑。

敬承堂面阔15.2米，进深18.15米，总面积275.88平方米。一进前厅，进深不足2米处为一高高的石门槛，石槛与大门之间俗为照厅，也叫回堂。照厅后是轿厅，旧时此乃来访者落轿之处。一进前厅为三柱七檩，两坡屋面硬山顶，次间当年为袁氏兄弟两家居住，各辟为灶间和前厅楼梯弄。次间通往天井处，置有两扇精美的槅扇门，此门上方有一块方形的槅扇窗，并饰以石榴花与宝瓶等雕饰件。

敬承堂

敬承堂的天井四周，因搁置吊车梁等均有外挑的牛腿。牛腿图案多样，其中也饱含了主人较好的寓意，虽在动乱年代遭到破坏，但隐约可以看出当年的神

采。比如前厅一侧檐柱两只牛腿，构思精巧，结构严谨，雕镂精湛的“凤戏牡丹”图，观赏效果非常出色。凤戏牡丹是常见的吉祥纹，象征乐明和幸福，也有富贵常在、荣华永驻之意。

一进檐下梁枋两头的雀替已面目全非，但仍可以辨认出这是两个相视而笑、畅胸露怀、坦坦荡荡的“和合二仙”。雕像中一边仙童左手执有一支荷花，右手托有聚宝盆；另一边仙童左手托着一个篾盒，盒盖微微掀起，五只蝙蝠从里面飞出，右手持有如意。因“荷”与“和”同音，“盒”与“合”也是同声。荷花与童子有“连生贵子”之意，而盒中飞出的五只蝙蝠寓意“五福临门”。“和合二仙”寓意大吉大利，家庭和合，婚姻美满，在民间流传很广，也深入人心。

二进明间檐柱的一对牛腿，如今仅剩一只了。这只牛腿，以圆雕的手法饰以狮子图案，线条流畅，栩栩如生，仍不失雅韵。尚存的这只牛腿所雕刻的是一只雌狮子，并用左爪戏弄着小狮，这个图案在民间象征代代相传。左边已经消失的牛腿，应是一只雄狮子，用右爪在戏弄绣球，象征着权威。

中间天井两侧为厢楼，一楼厢房两柱之间原为六扇槛窗，又叫半窗，据说原物被人卖掉之后，两旁现改成封墙，仅留中间开窗，而窗安装于半墙之上，这个半墙为原物，是用整块青石板砌筑的，石板打磨得十分精细。天井四周的二楼皆为花窗，扇扇窗户相当精致，为拐子纹、万字纹等窗棂。

从敬承堂天井四周的外观来看，无论楼上的花窗，或楼下的槅扇，均不是单一化的，其图案丰富有趣，而且很有欣赏价值。整个建筑看上去富有层次感，而且体现建筑的韵律美，能给人一种庄重的感受。

敬承堂二进即后堂，明间梁架用三柱九檩，两坡硬山顶，明间为重檐，置前檐廊，廊顶为卷棚顶。三间明堂宽畅而大气，两侧楼梯弄由板壁隔离，楼梯弄后梢为一般杂物间，太师壁后是退堂，即回堂。二进肥厚的月梁，弯曲而线形流畅，粗大的栋柱顺直而稳重。

敬承堂二楼的楼板别具一格，是用一支支小杉木劈削平后铺装成的，因比较厚实，人在楼上走动如履平地，故名“平基阁板”。“平基阁板”在旧时是有钱人享用的一种楼板，有的人家虽然无法整幢房子装“平基阁板”，但也会在显露处比如堂前等使用，以显示身份。

如今的敬承堂早已失去昔日的华丽，但从其保留下来的粗柱肥梁、台门槅扇、天井巨石之中，隐约还能体会到敬承堂袁氏家族往日的庄严与气派！

刘树根民居：清代早期建筑

许马尔

刘树根民居

徜徉在富春江镇茆坪古村，你就会发现这里完好地保存着许多明清时期的古民居。这些古民居，大多遵循“枕山、环水、面屏”的居住理念，其布局、巷道、外形、水系等十分考究。位于茆坪村150号刘树根家老屋就是一幢清代早期的建筑。

该民居由正堂、两厢房及天井构成，坐东北朝西南，占地面积303平方米，砖木结构，双坡硬山顶，为三合式二层楼房。因为建造年代比较久远，再说当年住户也多，看上去有些破旧与凌乱，该建筑的部分结构已经改变了原貌。不过，仍住在这儿的几位老人，日出而作、日落而息，还是那么的安定从容。

刘树根民居颇具特色，石框架的大门与正堂中间并不在一条中轴线上。原来当年为了避开正前方远处山尖的朝向，这个大门向右侧偏离了五六十厘米。进入大门不足2米处原有一道木质的门槛，置有四扇槅扇屏门，前些年住户为了进出推车方便，中间木质门槛已被锯去，仅剩两边槅扇门。大门内东西向两侧置有过道廊，此廊可连通厢房并进入正堂，如今在过道廊的天井一侧，已经砌墙被隔成了杂物间。

刘树根民居

该民居正堂三开间为明间，前厅堂后退堂，正堂两边梢间为厨房间与楼梯弄，梁架皆为五柱九檩，两坡硬山顶。该民居与别处不同的是中间置有穿廊，俗称月台，穿廊起楼，双坡硬山顶。两边原来均为厢楼，东边厢楼当年因坍塌，现已改为一楼平屋，二柱五檩，两坡硬山顶。中间穿廊与厢楼之间，各有一个青石板铺筑的天井。

三间明间与西边厢楼皆为槅扇门。槅扇门是隔断内外空间的重要组成部分，它既有窗的采光作用，又有装饰隔断空间等文化内涵。古人云："无刻不成屋，有刻斯为贵。"槅扇门绦环板及梁枋、雀替、牛腿等皆雕饰有花草动物、吉祥图案等，其雕刻工艺呈现清早期的风格，较为拙朴粗犷，刀法简练明快，作品简洁大方。马头墙的形状轮廓是三叠式阶梯状的，高低错落，高昂蓝天，颇有神韵，具有徽派建筑别致的文化氛围。

该建筑原为茆坪乡绅胡宗鼎所有。胡宗鼎，庠名寿祺，字菊如，恩科岁贡生。民国期间由高等巡警学堂并浙江全省官立法改速成班毕业，累任镇海武义等县警察所长，二等警佐，平阳县知事并本县团总乡长。当年传至胡宗鼎孙子时正遇土地改革，除胡宗鼎孙子一户仍住该房屋外，其余空间的财产已分给刘冬苟等四户长工与佃户，如今该老屋只住两户人家了。

据该老屋的刘树根先生介绍，茆坪村现存的古民居中，这幢房子的建造年代是最早的。当年土地改革时，原主人胡宗鼎后人已经家道中落，房屋破破烂烂，三间明堂连门也没有。现在看到的门还是后来的住户安装和补上的。

这幢古老的房子，唯有天井里那几盆花草还在花开花落，承受着平凡岁月的洗礼，而这幢房子当年的辉煌，却慢慢被人遗忘，慢慢消失，随之消失的还有它的模样、它的故事。

睦肥堂：穷秀才背柴压倒而起家

许马尔

睦肥堂，位于富春江镇茆坪村166号。该建筑为胡国平曾祖胡绍绛于清道光年间从人家手上买入的，当年买入时已有一百多年历史，故睦肥堂建造年代应是清乾隆年间，经推算迄今已有二百五十多年历史了。

走近睦肥堂，首先映入眼帘的便是那高耸的马头墙，让人体会到这幢老屋过去的荣耀。墙头上的马头造型与家族的建筑群连成一体，仿佛要向前奔腾，跃向广阔的天空。“睦肥”二字，源自“子孙贤，族乃大；兄弟睦，家之肥”之句，其意思是子孙贤达，家族就会兴盛；兄弟和睦，家庭就会富裕。

睦肥堂

睦肥堂清一色的黑瓦白墙，对比鲜明，加上斑驳的墙体和清秀简练的水墨点缀其间，清淡朴素，愈显古朴典雅，韵味无穷。“黑白”不因春夏秋冬四季变更而失谐，这是明清建筑本身的招牌色，给人一种中国水墨画的感觉。

睦肥堂由主建筑和东抱屋组成，坐东北朝西南，前面明堂开阔，后门临茆坪古道，总占地面积658平方米，是一幢三间二弄三进四合式楼房。第一进明间梁架用五柱八檩，天井用小鹅卵石铺筑，其实此天井处是原二进主屋的明堂，两侧为厢楼，两坡硬山顶。第二进起后墙，中间开有大门，以茶园青条石为门框，进入第二进有二档石阶。

二进明间梁架用三柱六檩，次间用五柱六

檩，两坡硬山顶。中间有青石板铺筑的方形天井，天井两边低，中间高处为三进通道，两侧厢楼，二柱四檩，为单泻水屋面，天井四周皆为重檐式屋面，檐下为走廊。

第三进为后堂，五柱七檩，两坡硬山顶，中间明堂六扇槅扇门，后置一退堂。两侧次间各有一扇房门，而次间两边靠山墙一侧为三尺楼梯弄。堂前左右两侧置有龙虎门，其中龙门一边通向东面抱屋，抱屋坐东南朝西北，置有青石板铺设的一长方形天井。抱屋一楼槅扇门饰以拐子纹等雕饰，且保存较好，抱屋北面厢楼下有过道通往后门茆坪街。

睦肥堂天井四周檐柱的牛腿，皆雕有拐子龙纹图案，其雕工圆润饱满，形体十分精致。线条横竖分明的回纹与弯曲翻转的卷草纹巧妙地结合在一起，使拐子龙纹增添了几分柔和，避免了线条呆板僵硬，又恰当地凸显了纹饰的硬朗与挺拔，使图案纹饰刚柔并济，精巧雅致，美轮美奂。

关于睦肥堂的来历，睦肥堂现主人胡国平老人介绍说：他的曾祖父叫胡绍绛，字晋卿，虽读过诗书，但是个穷秀才，从十几岁开始，就在茆坪到芦茨这条古道上，以背柴卖为生。又因人小力弱，在一次背柴的时候，他被柴火压在了地上。胡母知道这件事后便对他说，他这样依靠背柴卖为生也不是个事情，看来还是借点银子去做点小生意吧！于是胡绍绛从人家手上判了一块山(租买一块山，即山仍是人家的，买下山上可以烧木炭的柴火)，又请人打起一座“横山窑”，开始烧炭做起了生意。

茆坪村当年有多种炭窑，横山窑是一种比较大的炭窑，一次可烧二三十担木炭，最多达五十余担，而一般“猪头窑”仅烧十几担木炭即可。于是他从缙云等地雇来一帮烧炭工，把山上一支支坚硬的木柴变成木炭，又将一篓篓木炭用竹排运到芦茨埠，然后再销往杭州、嘉兴、湖州及上海等地。

胡绍绛因经营柴炭生意成了当地的富人。坊间有句俗语叫“一代富先造屋”，胡绍绛却没有自己造屋，而是从人家手上买了这幢三间二弄的明堂屋，取名睦肥堂，后来才在主屋东面建起一幢抱屋。

胡国平的祖父胡儒茀，字康甫，邑庠生，去世较早。他的奶奶十分重视子女读书教养，次子胡宗裕民国时期曾任巽山学校校长，民国二十年（1931），桐庐县县长冯世模赠“乐育群英”匾额一块。后来奶奶又带领家人在睦肥堂大门前建起一厅一天井之堂屋，使睦肥堂成为我们今天看到的三进式古宅模样。

茆坪杂货店：古道上的百年老店

许马尔

茆坪杂货店

在富春江镇茆坪村老街中段，有一家临街的杂货店铺特别醒目。该店铺坐西南朝东北，其门面为“开口屋”式，即门前均为板壁、排门出面，其面阔11.52米，进深12.86米，建筑占地面积148.15平方米，为建于清代晚期的砖木结构楼房。

杂货店是三开间门面，而且还是比较狭小的三开间，坊间俗称“闷洞三间”。中间开间按“门公新尺”计算，仅为八尺而已，只有2.24米宽。明间用四柱七檩，双坡硬山顶，中间后置小货间，货间后便是小天井，天井两侧为厢楼，二柱三檩，双坡硬山顶，由于中间比较狭窄，故天井的尺度看上去较为压抑。现天井顶上已覆盖屋面，昔日天井已变作后堂了。

杂货店二楼每间置有花格窗，木质窗为拐子纹图案，里面有活动衬板，可用以冬天防风。一楼左间仍为槛窗，槛框上的窗子原为活动排门，近年改为玻璃窗，下半部是木质板壁。中间与右间旧为木质排门，现右间也改为玻璃门。

门楼、门罩是一幢房屋的脸面。杂货店中间的门楼设计别出心裁，整体门面二楼挑出半米左右，而中间两支檐柱之间二楼窗台下部则向里收进，形成一个别致的门楼。

门前四支檐柱均置有牛腿，中间两支檐柱牛腿分别雕有梅花鹿等图案。民间传说千年为苍鹿，两千年为玄鹿，故鹿乃长寿之兽。其中一只牛腿雕有鹿与松树等，鹿又与“禄”谐音，此乃长寿多禄之意。另一牛腿除了雕有鹿与灵芝仙草以外，还雕上枫树叶，并且有一猴子在往树上挂东西，因“枫猴”与“封侯”谐音，在此寓意“封侯挂印”。封侯挂印，意即古时帝王赐爵授印予臣下，隐喻高升之意，大富大贵。

两侧山墙檐柱牛腿雕有拐子纹，即拐子龙纹，这是一种变体的龙纹，高度简化的龙头，而龙身为回纹与卷草纹的结合体。门前额枋下雀替分别雕有两个活泼可爱的神童，一个手持荷花，另一个手捧圆盒，他们相亲相爱，笑容满面，这就是民间传说的“和合二仙”。神童所捧的箧盒微微开启一条缝，有蝙蝠从盒中飞出，这是经商之人和气发财之意。

“坐北朝南”是大多数民居的基本建造原则。如果主人从商，而家宅的大门南向的话，据说犯了风水大忌，因为从汉代开始就有“商家门不宜南向”的说法。因为按照阴阳五行的说法，商属金，南方属火，火克金，不吉利。比如任何古建筑中间开间皆会阔于两侧开间，唯有这幢房子的中间开间是窄于两侧次间的。据说见过这家店的阴阳先生都说，这幢房子用来开店肯定会红火，而在这爿店当伙计那就不好说了。

杂货店为“朝北”门面，会不会是主人当年趋利避害观的体现？为什么中间开间窄于两侧，有何隐秘？现在也很难猜测了。因为建筑本身是一种特殊的语言，它在无声地讲述着那段逝去的岁月。

该店后门朝南偏西方向，据说这幢房子自建起来之后，虽然店门朝大路，但家里遇有婚丧嫁娶大事，都是朝后面门进出的，而绝对不会从店铺这边大门进出的。

据该房子现主人胡泉生介绍，房子的原主人是胡家承，学名书诚，字市生，号沛声，在民国时期曾任金西乡乡长等职。胡家承祖上在明清时期算是茆坪村的家大业大人家，还出过不少一官半职的人，比如民国时期胡家承父亲胡宗鼎曾任过省行政公署秘书、平阳县知事等职。

杂货店在20世纪50年代初土地改革时，被分给胡泉生父亲和另一户人家。因胡泉生父亲胡庆荣当年参加过解放战争，因功而分得一半房产，如今胡泉生已买下了另一半房产。

杂货店堪称古道上之百年老店，1949年后这儿曾开过不少年头的供销合作社。主人胡泉生因在七里泷镇上开过二十五年的面馆，离家二十多年的他在2017年回到村里，在这幢百年老店的门面上重新挂起了幌子。幌子如拂柳迎风，摇曳着日月星辰，飘扬着胡泉生夫妻俩的惬意和杂货店的盎然生机。

胡家莹民居：贾而好儒粲然可观

许马尔

胡家莹民居位于富春江镇茆坪村，坐西北面朝东南，占地面积137.7平方米，是一幢黑瓦白墙、简约古朴的清代建筑。该民居看起来是一幢独立的三间二弄建筑，其实它与北面20世纪70年代尚未被火烧毁的叙伦堂却是连在一起的，类似叙伦堂的抱屋。如今，叙伦堂已毁，西侧附房坍塌之后，周边空旷，远看俨如一个独立的堡垒，仍在坚守着岁月。

胡家莹民居

在胡家莹古民居中，我们能感受到这家主人昔日“贾而好儒”之风。因为自古以来“贾为厚利，儒为名高”，两者难分难离，迭相为用，张贾以获利，张儒以求名。可以说“贾而好儒”在茆坪村的一幢幢古建筑中得以体现，而胡家莹民居则更胜一筹。

胡家莹民居为砖木结构，双坡硬山顶，马头墙，正厅明间用三柱，次间用四柱，天井两侧是厢楼房，组成了三合式院落。在胡家莹民居内仔细观看，这儿全是题材丰富、雕刻精美的装饰。比如堂前有两山而无前后墙的双卷棚顶檐廊，其中内卷棚顶端的方木桁上就雕有精美的回龙纹图案。回龙纹，也称为“夔纹”或“夔龙纹”，寓意连绵不断，子孙万代吉利深长。又比如檐柱上的一只只牛腿，全雕刻着寓意深刻的民俗图案，以浮雕的手法，雕有喜上眉梢等。每一截木别具匠心，形态饱满，线条流畅，寓意深邃，给人留下了深刻的影响。而且该民居的楼板下还有吊顶装饰，这在同类建筑中是极少见到的。

在桐庐民间笃信风水的先民眼里，门是具有神秘色彩的，是一种精神寄托，可以给家人带来幸福吉祥。因此，人们出于对风水的考虑，大多民居都会选择“坐北朝南”，如果实在受条件限制正屋得不到好的朝向，或正屋前有山尖等不利遮挡物，人们一定会正面不开门，而是设法开一个“斜门”，以求避让。

胡家莹家居住的房子就是正面不开门的建筑，东南正面朝向的地方并没有开门，而是置有一道高高的封火墙（照墙），墙头覆以青瓦两坡墙檐。人们出入此屋，都是走西南侧开的一个角门，另外就是东北面所开的一圆洞边门。此圆洞门用青石条砌筑，置有木地槛和木板门，圆洞门外置一个通道通向室内外。

时光的印象就如雪融化成水，经过一番洗礼之后，最后均会悄然退隐。当年奢华的建筑也已墙壁斑驳，苔藓点点，瓦菲丛生，楼板乌黑。而几许黛墨印痕留在粉墙和画梁雕柱上，年复一年，增厚了水墨茆坪村的黑白对比，“贾而好儒”的痕迹，仍然凝固在这幢古老的房子里。

合德堂：滴水之恩涌泉相报

许马尔

合德堂位于新合乡里松山村，该建筑占地面积758.5平方米，总面阔27.9米、进深28米，中轴线上由三开间前厅后堂两天井，以及两侧抱屋共同组成。合德堂大门前昔为郡邑古道，路人往返频繁，当年称为要冲之地。2015年10月，合德堂被列为桐庐县历史建筑之一。

走进合德堂，映入眼帘的首先是那一堵高高的照墙。照墙中间为青石砌筑的台门，门上方有高出照墙一大截的门楼，上有青瓦覆盖，下方为一块青石巨匾，匾额上书有“鸢飞鱼跃”四个大字。鸢，即老鹰。鹰在天空飞翔，鱼在水中腾跃，其意形容万物各得其所。据传这四个字是清代礼部尚书董邦达所书。董邦达，富阳人，清雍正十一年进士，乾隆二年授编修，官终礼部尚书，谥文恪。好书、画，篆、隶得古法，山水取法元人，善用枯笔，当年曾在新合旧庄村私塾任教。

合德堂一进为三合式院落，大门内即为矩形天井，整个天井均用小鹅卵石墁地，前厅为前后畅通式，四柱九檩，两坡硬山顶建筑。前厅四柱牛腿虽遭动乱之劫，已被劈削损坏，但隐约仍可看出所雕饰人物疑似四大天王分居四个方位，分别简称为“风、调、雨、顺”，寓意受四大天王保护。从琴枋、雀替、斗拱的雕刻来看，雕工精细，巧夺天工。前厅柱子皆为粗大的楮

合德堂

树做成，下有磉鼓础板，地面为三合土浇筑。厅堂两边高高的山墙内绘有水墨梁架柱状及人物花草图案，据传为后人所为。两侧各有穿弄抱屋三间，皆为五柱七檩板面楼房，两坡硬山顶，马头山墙。

前厅后堂，进入二进先是鹅卵石墁地的天井，后堂为三间五柱七檩，两坡硬山顶楼房，俗称“开口屋”，即前面二楼木板壁、一楼木排门的砖木结构房屋。一楼堂前为走廊，两侧墙处有门洞，右侧门通往二进四间抱屋。

合德堂建于清乾隆年间，这是里松山钟氏家族的一幢堂屋。当年钟鸿佐四个儿子各有一幢堂屋，长子钟学章为光裕堂、次子钟学贵为咸正堂、三子钟学超为合德堂、幼子钟学彪为运和堂，现四幢明堂屋分别由钟氏后人所居住。为什么钟家人能在当时建这么多堂屋？据说与他们祖上“一饭千金”的故事有关。

据传清代康熙年间的一个大年三十傍晚，钟鸿佐在放鞭炮时，发现家门照墙前那块大石头上坐着一个陌生人，便回到屋里告诉了老婆。钟鸿佐老婆陈氏是个很贤惠、善良的人，听丈夫说有陌生人坐在自家门口，就把他请进家门一起过年，而且让陌生人过了正月十五元宵节才离去。

没过几年，这个陌生人带信到里松山村，说是有一批货物在场口，要钟鸿佐叫些帮手去挑到里松山。挑回来的是十八担箩筐的东西，钟鸿佐也不问箩筐里是什么，直接堆放在了楼上。当这个陌生人再一次来到里松山时，已经是五年之后了。他进门一看这家主人仍是五年前的穷苦模样，便问道：“当年我叫你从场口挑回来十八担东西，家中生活为什么不会改变呢？”主人答道：“你的东西我怎么能乱动？”那个陌生人一脸惊愕，当着这个老实人的面打开了十八担箩筐——上面是存放了五年后已经结成板块的红糖，红糖的下面则是白花花的银子……

钟鸿佐一家人经这位陌生人的援助，依靠这些银子首先在村口造起了一幢明堂屋，取名“咸正堂”，其意就是对后人的铭戒，家穷不要紧，但做人须纯正，皆要走正道。钟鸿佐让次子守家继承家业以外，其余三个儿子培养读书进入仕途，据说一个在萧山县当县官，一个在江西浮梁县（景德镇）当县官。

钟鸿佐四子钟学章，于乾隆年间建“光裕堂”，死后葬杭州府钱塘四乡象山（转塘），曾敕封承德郎，其妻亦封为六品安人。

其实，接济钟家人发迹的陌生人是一位杭州生意人。据钟家人介绍，这位陌生人不仅有钱，还有一身过硬的功夫，后来由里松山钟家养老送终，并葬在当地的黄坞口山上。因墓地所处的山上茅草丛生，故钟氏后人一直称其“茅草太公”，每年清明节祭拜，代代传承。

大德堂：不可磨灭的红色印记

柯　琪

大德堂位于桐庐县新合乡旧庄，东邻外松山，西邻湖田，曾用名盛章，后改名为旧章，原由章姓居住。约750年前，里松山义门钟氏十九世孙迁此与章姓隔溪相望。后章姓衰败直至绝续，钟姓才过溪肯堂筑室逐渐兴旺。旧庄地形如燕窝，四周皆有屏障。后山如龙舒展，在溪边昂起的青龙头，与溪对面形似白虎的山遥相呼应。曾有诗云："迎面青山锁双龙，回首阡陌映岗松。马达溪水断崖音，白墙黑瓦隐林中。"

大德堂

大德堂建于清代，陈旧的建筑淹没在旧庄众多现代化结构的楼房中，十分不起眼。可走进室内，那些古老的立柱、别致的廊檐、精美的木雕足以显示它的历史。这里还是浙东人民解放军金萧支队干训班旧址。

纵观全局，大德堂周围的房屋都是围绕它来排布的。位于中心的大德堂，原来占地面积约600平方米，四合式，由中轴线上的两进大厅和左右两列厢楼组成。现如今两侧厢楼已拆除另建新楼，仅存中轴线上的两进大厅。一进大厅，前后双步，内五架，

大德堂

九檩，规整肃穆。立柱粗大，梁架厚重。特别醒目的是檩下拱木和椽下的猫梁，拱木列阵齐整，猫梁卧于椽下似在躲迷藏。雀替、牛腿雕刻精细生动，大厅宽敞大气，十分适合于干训班学习上课。大德堂的天井用卵石铺筑，长13米，宽5米，算得上大天井。天井后为大德堂第二进，现在改成了住房，已看不出原貌。

据村里人介绍，1948年10月，金萧支队在新合乡山桑坞成立后勤基地。在此期间，金萧支队连续七次外线活动，沉重打击了国民党反动统治，扩大了游击根据地。许多有志青年纷纷投奔革命队伍。为适应大发展的新形势，培养更多的党政军干部，金萧支队举办了多期短期干部培训班。训练班由金萧支队支队长蒋明达、金萧工委秘书长李子青分任正副主任，石云山任指导员。学员主要是来自本地和南京、苏州、上海、杭州、宁波、金华、广东等地的知识青年和大、中专学生。短期训练班不分时限，前后共举办七期，每期八十余人，共培训学员六百多人，其中大中专学生有四百多人。由于流动性较强，干训班没有固定的校舍，新合乡旧庄大德堂和敦本堂是办班次数最多的地方。

通过举办如此多批次的干部培训，提高了前来投奔革命的有志青年的政治认识，加强了队伍纪律作风整顿，全队以崭新的面貌迎接新中国的诞生。

童高法民居：旧时光里的西式洋楼

毛林芳

童高法民居坐落在钟山乡城下村，这幢有着百年历史的民居小楼，仿佛在与旧时光对话，在村庄周围一片簇新小洋楼的掩映下，渐渐定格成一幅岁月的画，散发出独具特色的美感与韵味。

它的北坡是省级文物保护单位城堂岗。城堂岗是新石器时代钱山漾文化遗址，距今已有四千四百年的历史。宋景年间，为抵御金兵南侵，当地村民骆自得在城堂岗筑木城，立栅栏御盗匪，后废，遗地名“城下”。旧时，童高法民居就位于城下村的中心地段，向北去大市方向，向西去歌舞方向，向南去吴宅（今钟山乡乡政府所在地），来往大市、歌舞和吴宅的商贩、村民常聚集于此，此地的繁华由此可见一斑。

童高法民居坐东朝西，面朝大路，占地约105平方米，为四开间三层泥木结构楼房。房主为黄埔军校四期生童高法，童曾任国民革命军某部营长，参加过北伐战争，又参加过抗日战争，1950年去世。民居其中两间已被拆除，在原址上建造了三层新式洋房，高法民居就静静地依偎着这座新建的小洋房，灰白色的墙面泛着岁月的斑驳，显得古朴又宁静。

走进童高法民居，第一层为住宅，后墙因靠城堂岗山坡，故无法开后窗。第二层与旧时街道齐平，通面木质排门，开设南百货店，营销日用商品及药材，叙写着村庄曾经的热闹与烟火。经过岁月的变迁，繁华街道已演变为村庄的寂静小路。

第三层四面木质走廊，像现在楼房的“阳台”，伸出墙外，罗马柱木栏杆，新颖而洋派。这样的房子当年在农村极为少见，路人在惊讶之余会询问它的造法，有见识的人说它是从桐庐轮船码头的惠宾旅馆模仿而来。第三层楼用来开茶馆和旅馆，方便进山来做生意的商贾旅客在此小歇。

童高法民居

童高法民居采用三合式屋顶，用料较讲究，木质梁架结构紧凑严密，具有一定的时代特色和建筑特点。门、窗、雕檐、廊柱制作细腻精良，简洁大气。整座建筑有较多的西式风格，第三层楼前后两个长长的阳台，大面积采用了罗马柱栏杆，走廊四个角呈圆形，是当时比较流行的西洋特色。罗马柱木质栏杆的纹理斑驳可见，美观且实用，足以惊艳当时世人的目光。就算用现在的眼光来看，也毫无违和感。

1949年后，童高法民居曾是骆峰乡乡政府的驻地，后来又办过骆峰信用社。岁月匆匆，唯有民居默默不语，闲看人烟过往，云卷云舒。

聚五堂：新旧之间一脉传

周华新

老聚五堂，坐落于“上胡道地”以南，是江南镇深澳村周氏数兄弟合力所建的第一幢堂楼屋，也是古村内现存较少的明代徽派建筑之一。据传，此堂楼屋建于明代嘉靖年间（1522—1566），说是方卿中状元的那一年始建。

老聚五堂虽属砖木结构，但建造奇巧，整座堂楼不用柱中梢，传说为民间巧匠所建。三间二弄二进，砖木结构、砖墙瓦顶。一进即天井，面宽15.25米，进深4.34米；二进五檩，深7.25米，为南北西三坡硬山顶，马头墙，屋内梁柱上有少量如意状线雕，流畅、明快。青石板铺天井地面。南北面各一间一弄，分别在20世纪90年代后，由周氏后人拆建为二、三层民房。如今，只剩中间老堂前，夹左右新楼房而存。

聚五堂

一个甲子轮回后，明崇祯年间（1628—1644），周氏又隔徐家弄鹅卵石路，新建二层三间二弄一堂楼屋，且重命名为新聚五堂。新聚五堂一进面宽15.25米，五檩，进深5米，中间为天井，石板铺面，占地规模比老聚五堂扩大近一倍。青石门槛，二进五檩，深7.4米，房屋的牛腿、木梁上，图案雕刻简洁、大气，禀明代建筑特色风格。西南面已由周氏后人翻建成三层楼房。骑墙于新聚五堂南，是清同治年间(1862—1875)所建的一幢一进三间二弄二层古民居，为乡邑周天放出生地。2012年由县政府出资修缮，挂“桐庐县历史建筑”牌。

深澳古村落的建筑，每一幢房屋堂号的背后大都有来历或有故事。如“棣萼堂”之名，出自《诗经·小雅·常棣》“常棣之华，鄂不韡韡。凡今之人，莫如兄弟”，以高大的棠棣树之花萼花蒂灿烂鲜明，喻普天下人与人之间的感情都不如兄弟间那样相爱相亲之意；“怀素堂”之堂号，则取自《中庸》“君子素其位而行”及《易经》“初九：素履往，无咎”，以告诫后人君子要心怀朴素，安于现在所处的地位去做应做的事，不生非分之想；而“九思堂”，为建房先祖取《论语·季氏篇第十六》中“君子有九思”之意，直截了当地告诫子孙“思诚之功，要有九思，谓思艰难、思无邪、思其居、思其外、思其忧、思其善、思以慎、思以孝、思己过”等等。

但同一堂号重复使用却不多见，“五”似乎只是一个平凡的序数，前人不选一，也不取九；不选三，也没选六；只似乎钟情于中位数“五”，是因为“五”被重新组合后，会焕发出另一种活力。如：“五彩”指的是青、黄、赤、白、黑五种颜色；“五岳”是指东岳泰山、西岳华山、南岳衡山、北岳恒山和中岳嵩山；“五行”指金、木、水、火、土五种物质；“五经”指《诗》《书》《易》《礼》《春秋》五部儒家著作；“五伦”指封建时代君臣、父子、兄弟、夫妇、朋友五种伦理关系；“五德”指人的温、良、恭、俭、让五种品德；“五常”指仁、义、礼、智、信；“五义”指父义、母慈、兄友、弟恭、子孝；“五祥”指五种祥瑞之物，谓神龟、甘露、紫芝、嘉禾、玉兔；“五福”一曰寿、二曰富、三曰康宁、四曰好德、五曰善终。与五组合，以五相聚，取名“聚五堂”，真是太神奇了。俗话说，“积金遗于子孙，子孙未必能守；积书留于子孙，子孙未必能读”。周氏前人，为训诫子孙，积精神之德于冥冥之中，故一而再地取其名，既有为后辈祈求五福临门之意，也要求后人能有温、良、恭、俭、让之美德，更希望周氏子孙能熟读《诗》《书》《易》《礼》《春秋》经典，理解其精髓，照亮自己的人生之路。

总之，取“聚五堂”之名，寄托着先辈对下一代人的美好祈望和对幸福生活的向往。

姚氏祠堂：板桥姚氏出坊郭

黄水晶

姚氏祠堂

江南镇凤鸣板桥村姚氏祠堂坐落于板桥坞山脚西侧，坐东朝西，轩大门挂“姚氏宗祠”大匾，南边折墙上写着“忠孝”，北边写着“仁义”。祠堂长41.14米，宽13.64米，总面积660多平方米，为三堂二厅古建筑。建于明朝，修于清朝光绪年间。

姚氏祠堂一进进深五檩，11.45米，两坡硬山顶。西墙上首建有三叠装饰马头。戏台前第一对柱子上写有“祖宗宗功千秋泽，子承孙续万年春”。近天井处两根柱子上“创业勿忘祖宗德，成家惟念子孙贤”。这两柱子东侧有南北向的过道，两头开有龙虎门。南边大门上写着“宗开虞帝　脉衍鸿公”，道出了板桥姚氏的来历。

一进与二进之间有一个近乎正方的大天井，中堂在天井东，设置约有2米宽的过渡空间，过第二对柱子，地面稍稍升高5—6厘米，成就了一条不太显眼的“坎”。中堂檐下挂“冢宰第”牌匾。“冢宰”，周官的名称，为六卿之首，亦称太宰；吏部尚书也被称为冢宰。姚姓里出的吏部尚书唯有姚夔，桐庐坊郭人，这就是说板桥姚姓先祖是从桐庐坊郭迁来的。

《桐江姚氏宗谱》记载：“桐江姚氏家族起始于宋湖州刺史姚晓（字世安）。第五代子孙姚述先迁德清石桥（瑶琳姚村）。第十世姚彦若析居坊郭（桐君）。第

十三世孙姚百三（字荣禄）被确认为本支族始迁祖。坊郭（桐君）支族第八世孙姚辙迁居宁家庄，姚堂迁安定乡严坞，姚瓘迁水滨乡雅泉，姚玠迁安定乡板桥。”迁居板桥的第一人是姚玠，时间就在明朝年间。

天井低于四周一个台阶，南、北、西三面有水沟。天井两边过道宽4.5米，两坡硬山顶。左右各有四根柱子，都有精细雕刻的牛腿。天井北边屋檐下有“礼隆尚齿”匾一块，右边落款“乡饮介宾姚世鸿立，大清道光二十九年十月日给”。天井南边有两块匾额，檐下一块“名噪成均”。名噪，指人名声很大；成均，泛称官设的最高学府，也指殿试考取的进士。合一起就是说，这人在大学读书的时候名声就很大了。这人就是姚夔，他连中江西、浙江两个第一（解元），明正统七年（1442）进士及第，名震京城！这匾左边小字写着“特受桐庐县儒学正、副堂高、願（印章）”，右边写着“监生姚月之立，光绪贰拾叁年捌月日给”。天井南边靠墙屋檐下是“思乐泮水”匾，左边落款模糊难辨，右边落款是“邑庠生姚正南立，光绪贰拾玖年岁次葵卯六月日给”。三块匾，一块讲敬老，两块讲读书，都在体现祠堂对人的教化作用。

中堂进深五檩，4.3米，两坡硬山顶。与一进相对，在天井东边过渡带的南北两头也开着一对龙虎门。中堂面向天井的两根柱子上有“春露秋霜孝思长，祖功宗德流芳远”，第二对柱子上“孝父母金玉满堂，敬祖宗长命富贵”，第三对柱子上是“济世源流万古长，开天辟地不忘祖”。这三个对子体现的是一个思想，就是孝敬祖先、孝敬父母，这是做人的根本。

中堂毫无疑问是祠堂的灵魂所在。天井面西是一溜屏门，屏门正中，挂着坊郭本支族始迁祖姚百三（字荣禄）夫妇画。屏边上方是一块鎏金的“荣禄堂”匾额，落款左边写着“浙江省桐庐县江南镇板桥村”，右边写着“姚氏宗祠重修，公元二零零六年十一月初三日”。中堂屏门南北两边过堂进深后退1.5米。北边堂额是“奕世承休”，南边过堂堂额是“潜德幽光”，这两匾额都是先人在文化修养、精神境界方面的寄托。

转过中堂屏门，2米开外又是一个天井。天井进深3.68米，两边分别建有小阁楼。在天井正中，铺着七阶高的石梯，高台上就是姚家人摆放神祖牌的荫堂了。荫堂两檩，进深3.67米，两坡硬山顶。中间挂有“永思堂”匾额，匾额下摆放的是第一始祖姚玠的牌位。两边柱子上挂有“父母劬劳重如山，祖功宗德深似海”对联。左右偏堂挂有“常安”“安乐”两匾，这是姚姓后辈对先祖的祝愿。在荫堂南边的墙边，村人还把村里辈分排列字写在了这里，它们是“桑定汝世作，承载启宏思，永福传芳德，赵秀郁古德”。

应氏宗祠：正义勤劳出彝叙

周华新　应治荣

应氏宗祠建造于民国三十二年（1943），坐落于江南镇深澳应家溪畔村北应家弄。该建筑占地面积337.46平方米，坐东向西，南北面阔16.11米。三间两弄一进，一进九檩10.48米，为一层木结构石墙瓦顶，两坡硬山顶，属徽派建筑风格。原南、

应氏祠堂

北两侧均开门，现已封，仅在向西围墙正中开一大门，供人进出。

深澳应氏为应梗公行楠六，于明万历年间从诸暨应店街迁至深澳村。应氏族人，自宋代迁至浙江诸暨应店街村，居住历经数代，子孙繁衍，丁口渐旺，在当地建有义门应氏“彝叙堂”祠堂。明万历年间（1575—1620），应氏族人南五公、南六公两兄弟因不满当时朝廷盐役之压迫欺凌，不得已奋起反抗，斗杀盐役，犯下命案，逃难至桐庐县深澳村避祸。后在深澳村五房申屠氏家打工，并娶妻成家，定居于深澳村东北区。有第五代孙应国彩（南五公）配申屠上选公之女，第六代孙应加缙配上宅申屠允中公之长女，一直繁衍。深澳应氏居住深澳村后，历经五代，经族谱比对，方与诸暨应氏同族人认宗归祖。清乾隆年间，深澳村应氏族人始合力兴建应氏宗祠。清咸丰、同治年间（1851—1862）发生太平天国运动（民间称“长毛造反”）。在此期间，应氏宗祠及应氏族人的一座连天井堂楼屋被兵火焚毁。后人为祭祀应氏先祖之需，又在被毁之屋基上用旧木料建造了一间平屋，人称应家厅。族人每逢清明节、农历七月十五，便在应家厅举行相关祭祀仪式。直至民国三十二年（1943），应氏族人由十六户族人为主，各尽其力，重建应氏宗祠。原应家厅于1973年因白蚁成灾变为危房，生产队（应家队）将其拆造成二层水泥楼房，为集体生产队会议室所用。

深澳应氏由诸暨应店街迁入，距今有四百余年，历十七代，现共有一百九十余人口。应氏族人秉先人正义、聪慧、勤劳之品德，先后培养出了金萧支队干部、企业家、教师、公务员、大学生等优秀人才。

庆吉堂：为成就母亲的心愿

黄水晶

江南镇珠山奚家大礼堂南面，有一座独立的五间二进砖木结构堂头屋。堂头屋坐东北朝西南，南北长22.52米、东西宽17.25米，总面积388.37平方米，房子端庄、厚重、大气。2008年，该房被列为县重点保护古建筑，定性为县里最具近现代代表性的传统民居。

这房子名叫“庆吉堂”，由奚茂康建造。奚茂康毕业于杭州第九师范，做人诚恳踏实，做事细致周到。民国十四年（1925）奚茂康被县政府选拔为水滨乡教委会成员。后经营酱园店的同时，不断扩大买卖，在窄溪拥有多家店铺，诸如杂货、内货、布匹、小吃店之类。当地人把奚茂康开有店铺的所在地，称为“奚半街”。

民国二十五年（1936），积累了财富的奚茂康为完成母亲遗愿开始建造庆吉堂。从南边大门进入庆吉堂是为一进，进深三檩，8.1米。其间门厅南北宽2.5米，东西长4米，门厅东西两头分别开有边门；门厅与下堂交界处，脚跟是一根4米统长的石门槛，正面是一道六开屏门，中间二道是对开门，边上的两扇是单开门。下堂进深5.6米，东西宽8.6米。下堂东西两边是用木板壁隔开的用屋，用屋宽度为3.75米。

庆吉堂

一进与二进之间是

庆吉堂

一个长方形天井。天井东西长7.05米、南北宽3.55米，全用青石板铺筑。天井东西水沟宽50厘米，南边水沟宽30厘米，深30厘米，出水在东北角。天井中原来置有一对太平缸，如今仅留着两个须弥座。天井东西两边是85厘米宽的过道，北过道北边、南过道南边是厢房。

庆吉堂二进高出一进半个台阶。大堂靠近天井处有过道直通东西龙虎门。过道宽2.8米，其中有60厘米是天井边过厢退后留出来的。上堂进深10.25米，其间上堂前南北进深6.75米（包括过道）、东西宽8.6米。两边为用屋。上堂前屏门后是后堂，进深3.5米。

庆吉堂总体结构是传统的，可有好多地方进行了“现代化”的改造，成了中国传统样式与西洋风格相融合的产物。首先，大堂采用长梁，中间没有柱子，扩展了视觉与空间。其次，天井过厢的窗户窗格简化，增强了采光效果。再次，取消重檐，直接采用欧式的围栏走廊，简洁实用，美观大方。最后，取消上下堂四张楼梯对称靠墙布局的形式，根据实际需要灵活布局，节省了空间，方便了住户。

庆吉堂在装饰上依然沿用清朝时期木雕工艺。大梁两端的雀替上一般都有简洁的浮雕。衍梁、拱托上，时有镂空雕穿插其间。东西厢房牛腿上雕着的主角是鸟与菊花，意为摆脱世俗、淡泊名利，暗示屋主人对高洁品质的追求。上堂与下堂的两对牛腿雕着的皆是山水与人物，突现的是山水，表达的是崇尚自然、倾慕隐逸的主题。

奚茂康携弟奚茂吉入住的新屋，上堂屏门上方高挂“慶吉堂”匾额。匾额下，屏门主位上悬挂《出山之虎》画作，画的下面置有一只搁几，余外就是一张八仙桌与两张太师椅。奚茂康当时是水滨乡乡长，他的朋友、桐庐文化界名儒胡家骏帮他起了堂号。为了表示与康吉堂的亲缘关系，堂号名为“庆吉堂”，寓意不言自明。

中华人民共和国成立后，庆吉堂大部分被政府分给了八户人家居住。

欧家厅：阴差阳错古厅屋

王顺庆

欧家厅位于百江镇百江村内，占地面积316平方米，建筑面积483平方米（其中正房建筑面积456.5平方米、附房建筑面积26.5平方米），清代建筑。砖木结构，双坡硬山顶。原为三进四合式建筑，现存第三进和前后两天井。

欧家厅

欧家厅坐东朝西，二层建筑，一进两天井，呈“日”字形状；天井两侧设厢房，正房与厢房交接处均有走廊，走廊尽头两侧山墙处设有对子门；近年来由于周边建筑使用及新房搭建，两侧对子门被农户封堵；建筑整体布局残缺，正面遗留残墙及柱础痕迹，目测应为建筑前房坍塌所遗留；主房北侧山墙外连接一附房；建筑背面依靠山体而建，背面设有护坎，护坎上部现种植毛竹林，护坎由于长久受雨水冲击，部分块石（卵石）松动坍塌，致使背面水沟堵塞，无法正常排水。

建筑屋面为硬山顶小青瓦阴阳合铺屋面，设蝴蝶瓦（勾头滴水）；整体被四面马头墙及小青瓦墙围合而成。

正房通进深6.66米，通面阔13.55米；分五开间，两坡顶；明、次梢间均为穿斗梁架，明间为五柱九檩，次间为五柱七檩；梢间左、右边贴无梁架，设置七檩，檩条延伸至墙体；梁架木柱底部均配有圆形石柱础；一层次间设置楼板、隔栅，基本受潮全部损坏；正房为木结构承重维护墙结构，墙体均采用空斗青砖砌墙。

前侧厢房面阔2.95米，进深2.9米，边贴为穿斗梁架，设置三柱四檩，走廊处为抬梁穿斗结合梁架，两柱四檩；后侧厢房面阔2.3米，进深2.9米，边贴为穿斗梁架，设置三柱四檩，走廊处梁架为二柱四檩，也配有圆形石柱础。

欧家厅具有典型的江浙地区民居建筑风格，建筑设计精巧，做工精细，布局使用紧凑，形制古朴，装饰简洁，形制保存基本完整，是当地现存保存较好、时代较早的乡土建筑。从建筑形制看，欧家厅应属于清代建筑，但因为无考古依据，具体资料无法核查。

在走访调查中，笔者了解到“此欧家厅非彼欧家厅”。原有的欧家厅规模很大，有二十多间，在老街东面的下街。土地改革后曾设过粮站，在20世纪80年代时被拆旧建新。现在这幢厅屋，据多人说原是陈氏祖屋。百江镇陈氏一族兴旺发达，元明时有千夫长陈日卿、明代有进士陈鑨、清末有贡生陈本忠等。乡人称此屋为“义乌厅”，其实是陈氏二房的祖屋，因分水方言“义”与“二”同音，“二房厅”误为“义乌厅”。此屋后来为财主朱士财所有，土地改革时分给三人住。由于年久失修，老屋于2016年部分倒塌，三人分别另择住处。乡人流传，当年建此厅时，木工匠与泥砖匠各显本事，互不服气，各做各的，木匠榫头不穿入墙体，泥砖工亦自为一体，不过外观还是很古朴典雅的。

为保护古建筑，2019年由县文管会与百江镇政府对该建筑进行抢救式保护。因当时申报须有立项，仓促之下即将此屋定名“欧家厅”。2021年6月，该厅屋改作“开国少将叶长庚革命事迹陈列馆”。

高家厅：古邑分水诗坛基地

王顺庆

高家厅位于分水镇玉泉街的北侧，清代建筑。原由五至六进主建筑和厢房组成，现残存第二进。2006年镇政府采取易地保护措施，将现存的高家厅第二进委托专业团队进行测绘编号、拆卸保存。2018年高家厅复建完成。

清代康熙至同治年间，分水高家是殷实之户，宣化坊一带建有高家宅第。清同治十二年（1873），高启鉴、高柏松将族中一批粮食捐出，并将高家宅第中靠街的

高家厅

一厅一堂和左右两间楼房也捐出作为仓储之用，这就是清代分水昃字号义仓的来历。光绪十二年（1886），知县叶庆熙专门为这件事立有碑石，可惜碑石已不存在。1949年以后，义仓曾归分水粮站使用。

高家厅残存的二进明堂，高8.2米，面宽15.1米，进深9.88米。明间的金、步柱直径45厘米，采用银杏木、梓木。大小梁均为月梁，采用樟木。屋面用9厘米×6厘米的加工方椽和厚仅2厘米、长18厘米、宽16厘米的青色望砖铺设，十分平整。近二百年来，屋面几乎不漏，可见屋面瓦作工艺的精细。

整座厅堂采用正贴抬头轩的做法。可惜由于曾被改造，前后廊柱已被拆除，但内四界和翻轩十分完整地保存了下来，为修复迁建之基础。据县文物部门专家表示，这幢建筑称得上清代中期的典型江南建筑，不仅用料十分考究，而且在营造上也中规中矩。从建筑学的角度看，它应是目前发现的所有古建筑中最符合厅堂营造法式的建筑。

据《分阳高氏宗谱》记载，分水高氏系南宋理宗朝，高不倨以将仕郎任睦州寿昌令，避元之乱，携子隐居分水北乡万岁里，其元孙高广阡徙居分水东门庆云里，即高氏族祖发祥之祖。

自宋元至民国，分水高氏人才辈出，仕宦德显者近百人，其中优秀者有明高富、高嶉、高祐，清代武进士高天枢与文进士高玉芬等。

高富，字好礼，成化选贡，授延平府司李，摄府事。政尚清简，律己甚严，尝建四贤堂以示景仰。后升刑部主事，乞归，祟祀延平名宦。

高嶉，年十三失怙，奉母孝，事兄蔺如父。万历间蔺死于水，嶉日夜号泣失明。相传有徽医汪仰峰梦神语之曰："分水高孝子病目，急往治之。"汪至分，访之果然，投药而愈。知县龚承先旌之曰"笃孝"。

高祐，一作芝。家仅自给，万历十六年荒，祐籴谷远郡以赈，乡里全活多人。邑令徐一凤高其义，举介宾。

高玉芬，字溯清，性慧敏，弱冠领乡荐，考授内阁中书，康熙五十四年（1715）进士，登徐陶璋榜，除江南建德令。邑中屯田，军民互侵，百弊丛出，玉芬履亩亲丈，按田清课，使粮有定额，军为军屯，民为民屯，积弊顿除。玉芬夙有令誉，韵语、楷法皆为世所重。

高天枢，清康熙丙子科天枢登乡荐，丁丑会试获隽南宫，越三年己卯族叔尔俊公，乡闱报捷猗欤休哉。

由于高氏一族家风纯正，人才济济，家道兴旺，先后在古街上建既睦堂、绍庆堂、佑启堂、瑞庵公祠承恩堂、谷似堂等厅屋。光绪时分水知县叶庆熙出示勒石以垂久远。事案据庆云庄生员高启鉴禀称，窃生等曾于同治年间捐助义仓砖瓦椽木重建厅屋一所，沐前宪袁嘉许转详给匾，迄未颁给。禀请吊卷察核转详，以重地方义举等情到县，据此卷查同治十二年间，据民人高启鉴、高柏松等将昃字号土名宣化坊下首对门八字门谷似堂厅屋一所，系进士玉芬公所遗，又昃字号土名宣化坊左右楼屋两间先后具禀乐助社仓，作为积储之所。当经袁前县批准饬承注册在案。兹据前情除批示外合行勒石晓示。为此示仰阖邑人等知悉，尔等须知该处义仓系该生员等公同乐助好义急公殊堪嘉，尚自示之后其各协力维持，毋得任意蹧蹋，藉以彰该生等善善从长之征意也。凛遵毋违切切特示。

一示出勒石，光绪十二年肆月某日给。

告 示

此厅因被下门震公之孙小春欲卖出外姓以作考费，族鉴等闻之此风，即向伊理说，一半充入既睦堂立祀，以便历年祭扫，一半听伊作为考费，以便荣宗耀祖，岂不两全其美。伊坚执不允，是以合族商酌充入本县作为义仓。现有告示胪列于左。

又因宗谱内祠下祭田，自兵燹后皆被震公之次子一概卖出，塚上荫木亦被弃出，载之谱牒以彰不肖，以昭后嗣故特志之。

由此看来，高家族中亦并非全是英杰，也有不肖者败落先辈创下的产业。族人逐捐公义举千秋善行，值得颂褒。

2018年，分水镇复建武盛古街时，将原拆卸保存的高家厅部分建筑物，在高家巷东北面重新组建成“高家厅”，留下了古邑的历史记忆。

五间头：福祸之间

黄水晶

五间头房子是石桥大财主吴申坤、吴申林两兄弟于民国时期共同建造的，坐落于江南镇石桥村上澳口西南边。这是一座二层砖木结构房子，坐北朝南，五间房子由西而东一字排开，东西长22.62米、南北宽10.44米，落地总面积236.15平方米。东西两边还分别连接着一个楼梯弄。

五间头房子的正中，朝南开着一扇石框大门。石门槛外，铺有两级石板台阶。门上头镶有“衡峰挺秀”门额。衡峰，原指衡山，这里指凤岗南面的三尖峰。挺秀，是指三尖峰上的树木秀异出众。大门内明堂东西长11.10米、南北深3.30米，由门内正间与左右偏间合成。南北房间中间，分布着一条东西向的过道。大门正对着的北头房间，切入1.50米处隔有屏门，屏门下方是座起。屏门后是后堂。厅堂东西一对大梁，厚实对称；两只小牛腿、梁上隔板、两端雀替、大梁本身分别雕有不同图案；小梁、桁梁，根根笔直规整；楼板用的是平基隔板。为方便出入，五间头房子东西两边分别开有偏门。北面房间，除了公用的中间间，另外四间朝北全开有边门。楼上布局与楼下一样，中间也有一条东西相通的过道，过道南北是十间各自独立的房间。五间头房子一楼的窗户、周边全用石条框，窗户上全都安有铁栅栏。可惜这些都被撬下来凑做大炼钢铁的成果了。

五间头房子的正前方是一个大院子，东、南、西三面分别筑有一人多高的围墙。院子东西长22.63米，南北深18米。院子南头建有一个大鱼池。院子东边围墙与房子连接处，建有一座门楼。门楼大门朝东，大门两边墙内倾0.80米，外宽4米、内宽2.70米，大门宽1.40米，总体看呈“八”字形。门楼上方刻着“旭日东升”四个字。

石桥五间头房子与院子，都不是四方规整的。房子西北角与东南角因为地基少

五间头

一角，墙都砌成弧形的，西北角还做成下面缩进、上头凸出的模样。至于围墙，那就更不规整了，东边它沿着村大道一路往西，西边围墙似乎又有些往东南方向走，把个院子围得有点儿像个梯形。吴申林的小儿子吴自枚说，房子之所以建成这番模样，是因为从人家手里调过来的田本就长着这么个样子。

五间头在石桥应该算是一座好房子了，全部用清一色的砖头砌成。另外，这房子磨珠地也做得特别考究，阴雨天气不会回潮。

民国时期吴申坤、吴申林兄弟，不仅在桐庐滩头办有砖瓦窑厂，还投资航运，在杭州南星桥开有商埠、建有仓库。吴家有钱又有丁，人财两旺。在此背景下，兄弟俩就与人家调田，一起造起了这间五间头。但新房子没住上几天，吴申林就在1936年病死了。

中华人民共和国成立后，第一次土地改革，五间头被定性为恶霸地主的房产充公。第二次土地改革搞修正，五间头里就改进七户人家来。

太和堂：睦邻关系大如天

黄水晶

太和堂

太和堂坐落于凤川街道翙岗老街下半街的西侧，实为一间临街的店面房。三开间二层砖木结构，南北长约12米，东西宽约8米，房子一进五檩，二坡硬山顶，建于民国时期，建房人是街东蔼吉堂堂主李云程。因为李云程建房的初衷就为出租给他人开店，因而房子朝南一面没做外墙，而是楼下缩进0.50米，做成了木排门，白天主人做生意时木排门可以拆下，打烊了，排门又可一一装上。楼上挑出，与两边的墙外做齐，用以住宿。又因为建造时，房子的后面已经住有人

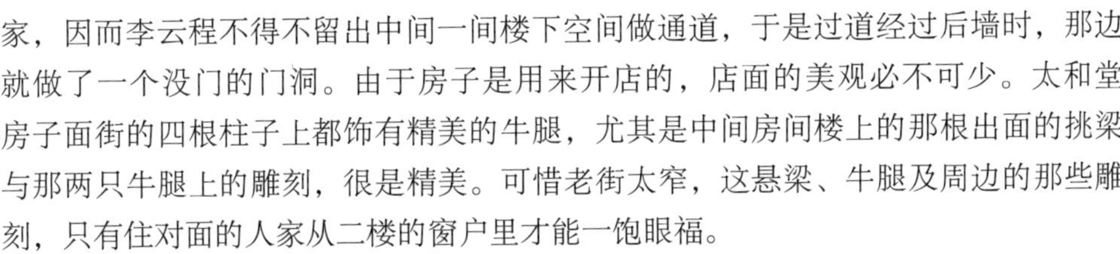

家，因而李云程不得不留出中间一间楼下空间做通道，于是过道经过后墙时，那边就做了一个没门的门洞。由于房子是用来开店的，店面的美观必不可少。太和堂房子面街的四根柱子上都饰有精美的牛腿，尤其是中间房间楼上的那根出面的挑梁与那两只牛腿上的雕刻，很是精美。可惜老街太窄，这悬梁、牛腿及周边的那些雕刻，只有住对面的人家从二楼的窗户里才能一饱眼福。

太和堂房子北边墙北，是华姓人家的忠孝门。南边墙南，是俞家厅大门外道地。俞家厅在集体化时曾做过队里的加工厂，现在则改造成村史馆了。

太和堂的“太”是“大”的意思，“太和”即“大和”。李云程取这个堂名，是希望外面开店的人家与住太和堂里面的人家一定要和睦相处，一定要“大和”，不然就会影响到做生意。

解放前，李旦深租了太和堂来卖药。后来这药铺就传给了儿子李阿竹经营。20世纪50年代，李阿竹与人合伙到新合雅坊开药店去了，这儿便空着。到20世纪60年代，一个叫许春弘的人花了470元钱从李医生那里买下了太和堂与太和堂西边的那座二层楼民居。从此，太和堂便归许春弘所有。许春弘买下太和堂，暗地里也从事药的买卖。后来专门从事毒蛇咬伤医治。因为他以前在药店待过，熟悉各种药材的性能，平日又善于琢磨，这使得他在医治毒蛇咬伤方面积累了丰富的经验，终成一代名医。他治疗毒蛇咬伤的有关事迹，桐庐报曾作过专门报道。2020年秋，许春弘去世。到太和堂买药看病，便真成了历史。

位育堂：石桥村的标志性建筑

黄水晶

位育堂

江南镇石桥村郑家澳南边，坐落着一座堂楼屋，东西长13米、南北宽12.75米，面积165.75平方米。墙体由砖石混合砌成，南北屋顶砌有防火马头，四只屋角的屋檐下塑有小兽，为徽派建筑风格。该房子建于清朝末期，因多年没人居住，毁损严重。2016年，老屋经维修，得到部分还原。

房主之一郑荣富的父亲留下的一张老桌子，揭示了这座堂楼屋的一些信息。这桌子材质上乘，做工考究。桌面板后背，写着“位育堂”字样。落款是“民国”“乙丑”。这几个字告诉我们，这张桌子是民国乙丑年（1925）做的。“位育堂”则是这堂楼屋的堂号。“位育”即“中和位育”，意思是只要按照中庸之道去做，就能达到“中和”的目的，世间一切事物便都能各就其位，呈现出勃勃生机。

位育堂受四至环境影响较大，如南墙长度比北墙少1米；大门不出面，门口狭窄；房子东西距离不够长之类，极大地制约了房子本该具有的功用与美感。尽管如此，位育堂仍然算得上石桥村最漂亮的堂楼屋。

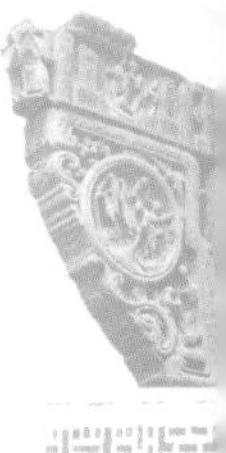

位育堂大门外，石护栏内砌有两个台阶。狭窄的道地上，镶着美丽卵石的图案。门蹬上刻着仙鹤、松鹿图案；大门上头置有无字门额。一进进深二柱，2.50米，两坡硬山顶。距大门1.5米处，立着一道1.75米宽的屏风门。屏门东至天井是0.95米宽的过道。天井长5.08米、宽1.88米，露天部分南北向铺着三道0.62米宽的青石板。天井两边厢楼，进深二柱，2.10米，两坡硬山顶。厢楼与天井之间留有0.95米宽的过道。

二进高出一进0.10米，进深五柱，7.90米，屋面两坡硬山顶。二进临天井处置有宽约2.40米的过道，两头开有边门。明堂进深6.50米，宽4.20米，明堂两边柱子上用的是月梁。两边用屋，进深二柱，3.90米。南北贴墙处置有由西而东的楼梯。明堂东头置有屏门，“位育堂”匾就是挂在这屏门上方的。屏门后是后堂，北宽南窄，平均进深1.40米。后堂南北两侧，朝东开有边门。

位育堂最为精彩的部分，全落在天井周边的雕刻上。六只牛腿，都是镂空雕，内容是“福”“禄”“寿”三星；月梁上是浮雕，面西大梁上雕着的是莲蓬，寓多子多福；雀替、花板、窗格等处是人物花鸟，幅幅形象生动，寓意吉祥。过厢窗户是简单的木板窗。据郑荣富妻子说，当时日本佬打过来了，没做好的生活只好草草收工。

位育堂是郑顺生建造的。郑顺生在海宁开炭行。有了一定的积蓄后，决意要在村里造一座像样的堂头屋。位育堂建成后，一下子成了村里的标志性建筑。

郑顺生的小儿子郑金根，曾任国民党少校营长。任上时，带着老婆来过位育堂。他们骑着高头大马，带着全副武装的警卫人员，岗哨由窄溪一直布到村口。当时他还带来了一台留声机，大白天在家里“咦啊啊”地唱，让村人眼热个要死。

位育堂在“文化大革命”时遭到严重破坏。造反派不知从哪里得知郑顺生有收藏古董的癖好，就借这屋里出了国民党少校营长的由头冲进家来，搜走、烧毁好多古物，还掘地三尺，说是一定要找出郑金根埋藏着的财物。那次毁坏烧掉好多东西，据说还有一幅唐伯虎的画。

改革开放后，位育堂里的人一个个住出去了，老屋便冷落了。

喻塘老屋：富不过三代

黄水晶

喻塘老屋坐落于凤川街道园林村喻塘自然村，南面靠山，北面距江南公路约200米。老屋建于1866年，坐南朝北，长20.50米、宽15米，占地307.50平方米，三间二弄二进，砖石结构，南面墙上还开有比北面小些的大门，东西墙顶建有马头。北大门上方嵌有“耕读传家”门额。

喻塘老屋一进五柱，进深7.55米，两坡硬山顶。门厅进深1.80米，东西宽4.50米。屏门后为明堂，进深四柱，4.60米，两边柱子上架着月梁。明堂两边为用屋。东西墙边是楼梯。

一进东是天井，东西长4.60米、南北宽2.80米。天井与水沟全由石条铺设。两边过道1.30米。厢楼进深二柱，3.60米，两坡硬山顶。厢房用的是雕花格子窗，可惜被住户卖掉了。

二进高出一进一个台阶，进深七柱，9.65米。临天井边是1.75米宽的东西向过道，两边开有边门。走廊顶部置有花格平顶前檐廊。月梁肥厚弯曲，梁架间置山雾云。明堂进深六柱，4.90米，中间太师壁位置，宽2.60米、深达6.10米、东西宽9.70米。明堂两边仅留1.90米的楼梯弄。大明堂中间，用两根长为3.70米的匾方长梁。太师壁正位上方，面北挂有“仁德堂”堂匾。太师壁后是后堂，进深三柱，3米。后堂两边是用屋，进深二柱，4.45米。二楼面天井处，柱子上装饰有牛腿。屋檐为重檐。屋顶为两坡硬山顶。

喻塘老屋一进面天井柱子牛腿上，雕的是鹿；二进面天井边两根柱子牛腿上，雕的是狮子；东西厢楼四只牛腿雕的是八仙故事。楼层裙板与窗户雕板上，雕的是三国人物。该建筑色泽古朴，装饰花哨。可惜花窗已基本无存，牛腿也有少许破损。据村里老人说，该楼房光雕花就雕了整整三年。

喻塘老屋

屋主人沈先昌是做毛纸生意的，据说生意做得很大，纸行是开在绍兴的。当年造房时，沈先昌与弟弟沈福寿曾发生过争执。沈福寿觉得自己没有什么积余，要造就造个三间头。沈先昌决意要造堂楼屋。沈福寿说服不了哥哥，就干脆来了个不配合，在床上一躺就躺了三天。沈先昌对弟弟说："你起来，造房子不用你出一分钱，你就给我管管作场，房子造好了我们一人一半。"

房子造好后，沈福寿看着雕花匠一天到晚在家里忙乎，他老是担心哥哥一定欠下一屁股债了。也就在这个时候，旺家弄几个财主争着来家，说要买他家在旺家弄那边的田。沈福寿说："谁告诉你们我家要卖田啦？"一天，哥哥做生意回来了。沈福寿忙问他："你要卖旺家弄那边的田啦？"沈先昌说："我是想让你问问，那里有田，我们再置它个十亩；那里有山，我们也买它个一座。"如此，沈福寿知道哥哥腰板还硬着，遂也放下了心。

别以为老板花钱很大方。沈福寿的孙子说他家阿太用钱可手紧啦。一次他爷爷沈福寿跟了阿太去绍兴，快到纸行的时候，沈福寿饿得难受，在路边摊上买了点东西吃。这时阿太就说话了："就到行里了，你还在这里花钱。"听到这里，我们也就明白沈先昌的钱是他精打细算省吃俭用攒出来的。老屋传到儿子辈时，家道中落；至孙子辈，已是一贫如洗，只留老屋居住。恰遇土地改革，以贫农身份房子得以继承。

裕后堂：崇洋未必媚外

黄水晶

凤川街道中巡村钟门老屋建于1930年，是一座掺杂有西方建筑风貌的房子，它的大门与三个窗户的上方，用的都是西方的哥特式拱顶结构。楼高三层，突破了中国江南地区徽派建筑只造两层的传统风格。

钟门老屋坐西朝东，三间两弄两厢。南北长14.60米，东西宽11.20米，总面积163.52平方米。房子东面是路，东南角因为出面容易被碰撞，户主即在角上砌进了一块刻有“泰山石敢当”的石条。西北角墙上也立有石条，方向面东，上有“裕后堂界”四字。不用说，钟门老屋的堂名就叫“裕后堂”。“裕后”一词，出自《欧阳颇德政碑》，意思是为祖先增光，为后代造福，形容人功业伟大。

钟门老屋与当地房子最大的不同是大门。这大门是朝东的，开门就能看见溪滩对面的狮子山。大门入口处建有一个门台。该门台开口处有2.18米宽，两边是两根0.25米宽的门楼柱子，柱子顶上是半浮雕盆花。大门上方的拱脚，就压在门两边的柱子上。这门楼是往屋里凹进去的，越往里越小，深达1.1米。这种建筑样式，西欧基督教堂里常能见到。迈上三个台

裕后堂

阶，西头就是门台大门。这门与这里的堂屋一个样子，外边也有石门槛，门宽1.34米，门高也是2米多。在门台外侧，拱弧的上面，有一块扇面门额，内里是“1930”四个阳文，它记下的是这座房子的建造时间。据村里人说，当年金萧支队曾来烧过这房子。他们一看到这几个字，就放弃了烧房的计划。他们说国民党以民国纪年，共产党以公历纪年，这户人家用的居然是公历纪年，说明他们家里隐藏有我们共产党的人。

“1930”四字的上面，二楼窗口处，有一根横放的隔断，隔断下有不少浮雕装饰图案。隔断上面是二楼正中间的窗户。它的样式有点像一楼门台的缩小版。窗户上方扇面部分也有浮雕装饰图案；拱上扇面里是阳文“盧安”（安盧？）。扇面两边，是两棵不同的半浮雕大树，图案上面是一排玻璃窗。再往上就是屋檐了。为了美观也为了修葺的方便，这房子正中朝东的屋顶上，开有一个“老虎窗”。

“裕后堂”大门两边门柱分别向两边延伸1.1米，有两根0.42米宽的砖砌柱子，直通屋顶，把房子外墙分隔成左、中、右三间。一楼的大门两边，开有两个高1.46米、宽1.18米的拱顶窗户。里面是两个灶间。上楼的楼梯，贴南北两墙，由西向东上楼。二楼的楼梯口，恰好有一个朝东的窗户。经过过道向西，木楼梯再朝东引上三楼。

钟门老屋是中国传统房子风格与西方建筑风格的混合物。从大门进是前厅，因为大门向屋里嵌入，这使得前厅的进深减少了一些，使得前厅在视觉空间上受到了影响。转过屏门就是这房子的后堂。屏门西边就是座起，“裕后堂”堂匾就挂在这道朝西的屏门上。后堂往西即是天井。天井南北两边是厢房。天井二楼厢房没有过道，三楼又有了。

这房子造好后，据说钟家人没有住过。1949年后土地改革，被村里分给了四户人家。现在住这里的人都已搬出去住了。

钟门老屋历史不算悠久，可从建筑的特色来看，还是有其保护价值的。

“五房”老屋:“田里门口”尾巴头上的精彩

黄水晶

五房堂楼屋，坐落于凤川街道竹筒坞“田里门口”老街的最东头。它的南大门对着老街，南墙与西头李家二房、大房、三房、七房的南墙成一直线。西墙只与七房房子的东墙隔开了一条2.80米宽的弄堂。

“五房”老屋

五房的堂头屋是竹筒坞“田里门口”老街最后一座堂头屋了，老街由西而东，到这里就拐北边去了。整体看，五房的堂头屋精巧玲珑，充满美感：南墙大门上头的“矮檐”与两边厢楼高起的“码头”，有上高下低的呼应。大门两边的四个窗户，左右看是对称，上下比是对立统一。东边墙体上屋檐、门楣、码头、墙画、侧门、小窗多种元素，亦构成长短、粗细、高低、大小、黑白、虚实的对比与关照，给人以美的享受。

五房屋主人叫李国仕，排行老五，在二十二岁就去世了。这是父亲李光豪给老五造的一座一进二厢房子。家谱里明白记着，因李国仕无后，其弟老六将大儿子文瑍过继给了国仕。估计家族里在给李国仕造房子的时候，五房房子的北边，早就有人家的房子造着了，于是家族里先与五房家人协商，房子就这样造小一些算了，不足部分家族里给些钱作为补偿。随着岁月的流逝，五房北边的房子后来倒掉了，补偿给五房的钱后来用掉了，于是为什么五房的房子不能与其他几个兄弟比肩的所谓不公便摆到后人的面前了。

五房堂头屋坐北朝南，三间一进二厢，南北进深9.25米、东西长11.50米，总面积106.38平方米。五房堂头屋大门外有三级石台阶。门里面是门廊，进深一柱，单坡硬山顶。门廊北边是沉降式天井，露天部分低于四周半个台阶。天井东西两边有过道，东西厢楼二柱，厢楼单檐，两坡硬山顶。厢房都用精美的格子门窗，门窗底部置有防潮的石地坎，门窗上方还有横放的格子花板。厢房牛腿朝向天井，木雕图案相对简洁。

天井北，有连通东西边门的过道，两头都是单开门。东边门通路，南头的门进入与七房之间的院子。

明堂朝东，进深二柱，屏门南侧，有搁几、八仙桌等物件。屏门上方，挂着"麟趾呈祥"匾额。"麟趾呈祥"，旧时用于贺人生子 。麟，指麒麟，象征祥瑞，亦用来喻杰出的人物。趾，指脚。呈，即显出、露出。祥，指吉利。这匾额是希望家族子孙昌盛，但事与愿违：屋主人国仕没有生子，国任的长子文瑍过继给了他，可文瑍长大后，仍然没有儿子。1868年翙岗李氏续谱各房捐款，各房都记有捐款人的名字，唯独五房捐款落款竟然是"五房房二两"。这说明1868年，文瑍已经不在了，承继人还没有落位。

不知何时，一个叫李春生的人终于做了五房的承继人，于是这房子就从他手里传他儿子李金才手里了。现今，这房子又传到李金才儿子李连仓手里了。

从人丁繁衍的情况来看，五房与他西头的七房，总是不尽如人意。两户人家，分别都有着那么大的一座房子，他们家人应该是住不过来的。即便如此，五房与七房的后人，还是商量着，将他们房子之间这本就不宽的弄堂给封了。他们在这弄堂的南面，做了一个石框大门，北头封墙后，墙上做个窗户，如此，这儿就为五房与七房两家共用的空间了。有趣的是，两家居然还在这里做了一个迷你小天井，二楼两头做成南北两个小房间，中间还做成了一个带栏杆的过道。当这巷子完全变成了一间二层楼房的时候，五房与七房的房子从此也就紧紧连接成为一个整体了。

衍庆堂：山水清音四百年

许马尔

白云源方氏家族自方关梯从芦茨村迁居石舍村始，迄今已六百多年历史了。

石舍村北有幢古民居叫“衍庆堂”，是浙江省文物保护单位。衍庆堂是石舍村最为古老的民居，修建于明万历年间，也是桐庐民间为数不多且保存完好的明代建筑之一。山泉绕舍听清音，风风雨雨四百年，传至方玉明这一代已经是第十四代。

衍庆堂为砖木结构，三合式天井院落，东西宽19.95米，南北进深13.4米，占地面积267.3平方米。房屋坐北朝南，三间两弄两厢，粉墙黛瓦，双坡硬山顶。

衍庆堂门楣上书有“山水清音”四个大字，并绘有八卦图案。据说，衍庆堂门楣之所以书有“山水清音”四字，是因为当年坐在堂前，可以晨沐朝霞、夜观星斗，而且能听到对面乌坪湾山涧流下来的水起清音，感受天籁之音。但又因山涧水对着大门方向冲下来的，所谓水箭煞，指向住宅不吉，于是又在大门上方绘了八卦图案，以避水煞。

衍庆堂还有许多独特之处：

大门不正开而是开在东厢侧边，呈“歪门正厅”的布局。衍庆堂将东厢楼下通道设为门厅，究其原因大多与地形和房主趋吉避凶的愿望有关。据方家人介绍，祖上传下来的说法是房子正面南向，因犯火星冲煞，而将大门改在东厢，并且在屋顶设脊吻，以镇火殃。脊吻是一只泥烧制成的蹲脊兽——神狮。

木质结构的衍庆堂历经数百年一直安然无恙。石舍村曾经遭遇数次兵燹和火灾，清末咸同兵燹那一次，有村民眼见有游兵散勇手持火把点火，但衍庆堂也只是被烧了一点皮毛。现今所见的大门木框火烧斑痕，就是一百五十多年前留下的。其实衍庆堂不易火烧的真正原因，与建房的木料选择有很大的关系。桐庐民间传有“栗树点不着、槠树烧不起、松树救不黑（扑不灭）”的俗语，说明槠树既防火又耐腐，而衍庆堂的梁柱门框、楼梯楼板全是樟树制作，所以经历四百多年风风雨雨，仍然完好如初。这也充分显示了古代劳动人民的勤劳智慧和卓越才能。

衍庆堂

衍庆堂具有典型的明代建筑风格特征，而板壁、柱子和八仙桌则更为独特精妙。明间堂前宽4.5米，净高3.73米，与一般明堂屋有所不同，这里用六扇高高的槅扇门封闭，以便于冬季使用。堂前的摆设一切如旧，有几案、八仙桌、太师椅等，还有一张数百年前的宝宝椅。太师壁上方旧有“椿楦并茂”匾额一块，为当年先祖母80岁寿辰时由祝家村女婿所赠，可惜匾额已不知去向，太师壁只存两只雕刻精美的龙头匾托。屋内板壁等木构件当时是用生漆漆过的，四百年后仍保持色泽红艳、油光晶亮。在天井看二楼窗门下的木质槛墙，其墙板为上进下出向外斜披的，这是明代房子的典型构造，而清代房子窗门下的槛墙是垂直的。此外，一般古民居建筑的柱子，皆取其木料的原形，即上细下粗，这叫变截面柱；考究的人家则做成上下一样粗细，这叫等截面柱；而衍庆堂内的柱子是“梭子形”，即上部和下部均做收杀、中间段为直柱形，这种形状叫“梭形柱”。梭形柱具有优美的建筑造型，且稳定性强。明代建筑其形式上承宋代营造法式的传统，故也叫“宋式梭形柱”。堂前所见的八仙桌也是明代形制，它设有汤水槽，桌面的汤汁流出桌面后便进入汤水槽，然后顺着桌脚落地，汤汁一般不会溅身上。

衍庆堂的安防措施扎实。石舍村位于白云源深山处，这儿自古是盗匪出没之地。当年石舍人建房，与别处不同的是很注重预防盗匪的功能，比如在砌筑下部墙体时，在砖墙中会插入一支支杉木棍等，以防盗匪夜晚撬墙进屋。而衍庆堂与众不同的是在楼梯的顶部还设有一块闷盖板，主人上楼之后，将此板往下一盖，然后插上闩子，即使盗匪进屋也无法登上二楼重地。

如今，石舍村包括衍庆堂成为网红地，连外出多年的方玉明夫妇也回到了自己祖宅，敞开大门，用祖上传下来的手艺为游客提供一些米筛爬、玉米饼等石舍当地的传统美食，深受游客欢迎。

邵氏堂：老屋里的悲喜剧

黄水晶

邵氏堂位于新合坑口村中心，是一座五间两厢老房。房子建于清朝嘉庆时期，为邵氏八世翌浩公（1796—1821）所建。

邵氏堂坐北朝南，砖木结构，东西长21.50米、南北宽13.30米，面积为285.95平方米。它的南墙骑靠在邵氏大厅的北墙上，大门刚好从大厅中间通过。大门里天井，长13米、宽5米，用鹅卵石铺筑。两边厢楼是边长为5米的正方形，两坡硬山顶。厢楼邻天井一侧过道，南头开有与邵氏大厅相通的边门。天井北，五间房子东西一字排开，进深五柱，8米，两坡硬山顶。房子南端，楼下是一道1.50米宽的过道。从两头楼梯上楼，过道移至北头。房子中间一间是明堂。东西宽4米，南北深8.30米，离北墙2米处隔有屏门。屏门上方，南面挂着“邵氏堂”堂匾；堂匾下挂着邵氏先祖画像。屏门后

邵氏堂

是后堂。明堂楼上的后堂位置，正中主位上摆放着香火菩萨，两边依次是邵氏先人的牌位。明堂两边，各有两间东西宽3米、南北深6.80米的房间。

说到翌浩公建房的原因，当然是为了居住。邵氏在坑口发展到第八代翌浩公“仁”字辈的时候，很有丕振之势。据家谱道光四年（1824）《东陵翌浩公记略》记载，翌浩公出身贵族，家里“仓廪充实，家业丰盈”。原配何氏生有圣位、圣倍、圣信、圣俊、圣伦、圣仁六个儿子。为解决儿子的住房问题，他就建造了这五间头。

坑口村邵姓到了翌浩公的儿子辈就败落了：四房的圣信日子难过，就把房子卖给村里的胡荣钦父亲。到了胡荣钦当家的时候，胡就提出：“我爸买下邵家的一半房子，那公用的堂楼也该有一半是我家的。”为这事，双方就打起了官司。当时情况是邵家穷、胡家富；胡荣钦有文化，还是个讼师。圣信的儿子邵鹤椐胆小怕事，就上吊死在了胡家想要的那个堂楼里。这时邵鹤椐老婆只好站出来了。她从戏文里知道，打官司得寻县太爷。因而她抱着三岁的儿子邵元海，一趟趟跑桐庐县衙。她天没亮就出发，抱着孩子翻山越岭到桐庐，大都已在午后了。初时县令宋竟寿并没有重视这件事，只是安慰她，问她这么多路跑出来要多少盘缠。女人说家里穷，只带孩子路上吃的，其他的就顾不着了。宋竟寿很同情她，总是自掏腰包给这女人送回家的盘缠。后来见这女人跑了一趟又一趟，他觉得这事不给她个了断，太对不住这女人了。于是他就找个日子，赶坑口来了。

这天邵家堂屋里站满了人。胡荣钦请来了远近各村有头有脸的场面人物来给自己站台，反观邵鹤椐老婆身后，一个人也没有。宋竟寿先让双方陈述案情，尔后问胡荣钦要他父亲买房的契子。他与胡说：“这上面只写着买住房，没有说到买堂楼呀。你父亲是当事人，他活着的时候不来争这堂楼，到你手里却来要这堂楼了，是不是你父亲还是你有理了？”胡平日巧舌如簧，今天他真是一句话也说不出来了。宋竟寿看一眼胡身后站着的人说：“你们是胡荣钦请来为他说话的，那好，你们谁来说说，这契约上没写着的堂楼，凭什么要一半归胡荣钦了呢？若有人要昧着良心为虎作伥，看我不打断他的腿！”见没人敢回话，宋竟寿站起来，把胡荣钦自作主张放在邵家堂楼里的他父亲的牌位，丢在了地上，并当堂宣告这案子邵家赢了。这一年是宣统元年（1909），邵家这位打官司的女人，就是现今村里邵志潮的奶奶。

如今的邵氏堂，西边的两间房子与厢楼已被拆去，剩下的只有明堂东边的三间房子了。

存厚堂：传家有道唯存厚

黄水晶

存厚堂

存厚堂位于凤川街道翙岗古街乌台门里，存厚堂坐西朝东，门前留有3.4米宽的道地。道地东边是新鲜堂，南头是自家用屋。出路在道地的北头，与朱雀弄连通。出口处建有门楼。西面隔一条巷子是经畲堂。

存厚堂是墙里李浦舟的爷爷建造的。大约建于清朝乾隆四十二年（1777），由主屋存厚堂、北屋宜修堂及南面抱屋三部分构成。主屋南北宽14.70米、东西长13.85米，面积为203.60平方米；宜修堂为122.81平方米；外加南面抱屋、大门南边用屋，总面积为424.35平方米。

存厚堂主屋为三间两弄两厢，南北墙顶上建有马头，是典型的三合式清式民居。该建筑最令人震撼的，是东墙那规整厚重、高大气派的墙面。大门外道地上，铺着四道规整等宽的青石板。门外石护栏内，有三级石阶。石框石料既宽且厚，采凿精细。尤其是大门上方那一块大石料与大门两边的立脊，组合得严丝合缝。门槛两边的门蹬，雕着的是体现读书做官主题的图案。大门上方，墙壁的中央，横亘着一道外凸的门楣。两边的两个圆窗户，犹如眼睛，恰到好处地摆放在门楣两边的位置上。大门配在这堵墙上，整洁、干净，给人威严、气派、神圣的感觉。

迈过略有圆弧的门槛，里面是个1.20米宽的门廊。西边置有一个长5.28米、宽1.80米的天井，南北水沟较宽、东边较窄。厢楼为重檐，两坡硬山顶。面向天井的是玻璃窗户，窗户上方置有横向的方格子花板。

存厚堂大门里边的门楼早烂掉了，天井边的厢楼与二进的柱子保存完好。牛腿、花板、玻璃窗依然可以看到当年的风采。

天井西是主楼。主楼高出天井一个台阶。二进前二步是前檐廊，顶上置有花格图案。檐下是2.35米宽的南北过道，过道两头开有边门。南头直通抱屋，北边通入宜修堂天井。

存厚堂主楼进深六柱，10.35米。正中明堂，进深五柱。由东而西，第五对柱子之间置有木屏门。“存厚堂”匾就挂在明堂屏门上方。明堂两边，柱子间用的是月梁，梁上雕刻简洁。明堂两边为用屋，进深二柱，朝西开有边门。南北贴墙处置有东西向的楼梯。存厚堂一楼的楼层特别高，天井边的石础是八棱形的。

李浦舟的爷爷造好存厚堂后，很快又在南北两头建造了抱屋。如此，朱雀弄就依宜修堂北墙向西延长了。南边却因是自家抱屋，堵住了大门口南走的出路。

存厚堂传到了第四代即李蒲舟的儿子李振熙手里，李振熙把祖先留下来的存厚堂宜修堂卖给了族人。土地改革时，存厚堂报屋及堂南边厢楼也分给了村民。

“传家有道唯存厚，处事无奇但率真”。想当年，屋主以“存厚”取堂名，无非是想告诫自己与后代：做人做事，要心存厚道，要率直、真诚。

崇道堂：大器晚成的明白人

黄水晶

崇道堂位于江南镇环溪村鲞山脚下，建造人是周宝伦。周宝伦出生于清道光三年（1823），五十岁（1900）考上贡生，民国元年当选浙江省议会议员。

崇道堂坐东朝西，砖木结构，三间两弄两进，南北宽15.70米、东西进深13.65米，面积214.31平方米，南北墙壁顶端，建有防火码头。该房子不是正方的，受地基限制，西北角南移约0.70米。

崇道堂

崇道堂大门前道地，北宽南窄，均宽约8米。再前面，是鲞山的一个由南向北倾斜的山坡。后来周宝伦的儿子将门前这块道地扩充成房子了。大门外是天井；南北两边是厢

楼；西边是门楼、明堂及用屋。二楼围着天井设回廊，其他空间改作休闲场所。这一改，屋子中轴线上的西大门开不好了。不得已，只得将门槛抬高0.60米，门里布上台阶，可这门还是不方便出入。

崇道堂朝西的石框大门上，写有“聿怀多福”门额。“聿怀多福”出自《诗·大雅·大明》，“聿”本助词，然而后人常以“聿怀”为语典，用为笃念之意。“聿怀多福”，意思是时光悄无声息地流逝，岁月不停留，以谦恭之心把持自己笃定信念，此生多福禄。周宝伦大器晚成，因此他坚信必须“以谦恭之心把持自己的信念”。

由西大门进入，是一进明堂，进深二柱五檩，4.25米，两坡硬山顶。明堂南北宽3.50米，两边间南北宽分别为1.50米，共计6.50米。明堂两边板壁与明堂东边天井厢楼连为一直线。明堂两边为用屋。北边用屋与厢楼进深二柱，南边用屋与厢楼进深四柱，用屋贴墙处置有木楼梯。

一进东天井，高度与一进齐平。天井水沟原本准备着做大事时才用来覆盖的石板，不知为何，这里都严丝合缝盖上了。如此，屋檐水就不能直接排入水沟，使得天井周边尤为潮湿。

二进高出一进半个台阶，邻近天井一边，置有宽1.20米的过道，两头开有边门。北门通向道路，南门通向小院子。二进进深三柱8米。大明堂由三间房间合成。明堂进深二柱，5米，南北宽9.20米。大明堂两边分别是进深3.20米的用屋。大明堂中间屏门上方，朝西挂着“崇道堂”堂匾。堂匾下摆放着搁几、八仙桌、太师椅等器具。

崇道堂最为精彩之处，全在天井周边的雕刻。一进牛腿很完整，雕刻的是骑鹿的寿星，二进出面的牛腿是骑虎的财神，两边厢楼上牛腿是夔龙与凤凰，表达屋主人对福、禄、寿的期盼。这里的方格子门窗、装饰花板，中间都装上了玻璃。好多地方用上了倒置的莲花柱工艺。至于梁上的图案浮雕，雀替、门上、窗上小件上的历史故事人物都是寻常。

堂名“崇道”，崇就是推崇，道就是道义，崇道就是推崇道德、追求正义。周宝伦崇道，不是仅限于嘴上说说的。村东小溪发大水淹死人了，他就叫来匠人，在溪上造了保安桥。据说，周宝伦原本是要去做民国桐庐县第一任县长的，他老婆说：“你治家都治不好，还敢去治国？”老婆捶他，是因为他管不住儿子周国荪的赌瘾。不想他反躬自省后，还真没去上任。

盛德堂：勤劳致富标兵

黄水晶

盛德堂

江南镇环溪村爱莲堂东边，有两座连在一起的徽派古民居，南头一座叫盛德堂，北面一座叫周吉堂。这两座房子是周可常的两个儿子于清朝末期建造的。本文要介绍的是盛德堂。

盛德堂三间两弄二进，东西宽12.53米、南北进深13.06米，面积163.64平方米。盛德堂原本大门应该是朝南的，只因南面已造有房子，只能改走西头边门。

盛德堂一进进深二柱，3.80米，单坡硬山顶。中间为明堂。因这里没开大门，自然也没有门楼。明堂东西宽3.50米，两边为用屋。用屋面向天

井一侧，分别开有两扇方格子木门。

明堂北边置有一长方形天井，东西长5.03米，南北宽1.36米。天井内分别有一处用来摆放太平缸的平台。

天井两边厢楼，进深二柱，两坡硬山顶。厢楼与天井之间，两边分别留有过道。厢房布有方格子窗户，窗户上方还镶有横向的方格子拼图装饰板。二楼用的也是方格子窗。天井四周，楼下有三对样式不同、造型精美的牛腿；楼上屋檐下，有四只奎龙牛腿，造型相对简单。

二进高于一进一个台阶。进深五柱，8.30米，两坡硬山顶。大明堂前头有两根独立出来的柱子，二进临天井一侧，留有东西向的大过道。过道两头开有龙虎门，东头通向一座老屋，西头直通老街。过道上方的横梁，用的是肥硕的月梁，梁上还配有雕花顶板。过道北边东西两边的屏门，用的都是方格门。屏门上方也都用方格子横板进行装饰。

盛德堂中间明堂，南北进深6.10米，东西宽4.35米。在北头第四对根柱子之间，置有木屏门（太师壁），屏门上头高挂着“盛德堂”堂匾，下面挂着先祖画像，搁几下摆放着八仙桌与太师椅，现今这屏门已被拆除。

大明堂两边是面宽3.20米的南北两间用屋。两边楼梯弄内有由南向北的木楼梯。大明堂屏门后面是后堂。在后堂北墙的正中，还开着一扇石框大门。

总体来看，盛德堂作为一座堂头屋，还是具备了基本的结构特征的。令人遗憾的是，房子的一进实在过于逼仄了些，何况还少了作为一座房子最为重要的正大门。

盛德堂是环溪村周可常的大儿子周克茅建造的。周克茅造房子的钱是靠贩卖毛纸赚来的。但从房子的构件与气势看，在建造这房子时，周克茅的实力还不是那么雄厚，他还没有能力解决屋基不够大的现实问题。听周克茅的后人说，周克茅在外地做生意时，染病回来没多久就病逝了，辛辛苦苦造起来的新房子根本就没有享受到。

敬德堂：彩色玻璃折射的历史

黄水晶

江南镇深澳村中有一座特大的古建筑叫“七井房”，因屋里有七个天井而得名。“七井房”是由敬德堂、恭思堂北边三座抱屋组合而成的一个家族居所建筑群落。房屋建造者叫申屠济成。

敬德堂

申屠济成出生于1882年，他建造敬德堂时才二十四岁。敬德堂三间两弄两进，砖石结构，南北宽14.45米、东西长18.10米，面积261.55平方米，呈“回”字形布局，南北墙顶上砌有防火马头。

敬德堂石框大门朝向西边街道，两边门墩上刻有吉祥图案，门外布有三个台阶。

由西大门进入，即为

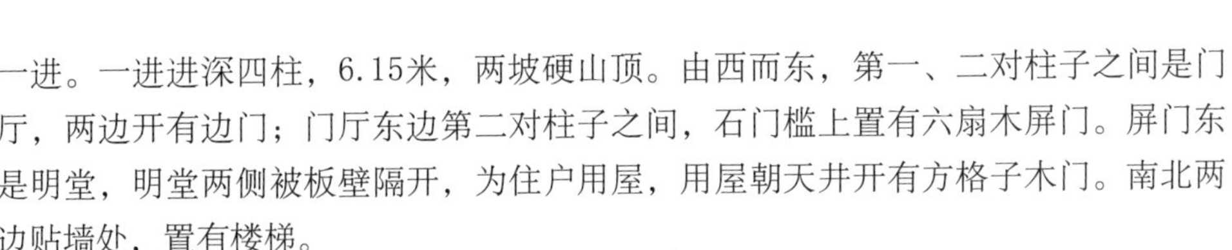

一进。一进进深四柱，6.15米，两坡硬山顶。由西而东，第一、二对柱子之间是门厅，两边开有边门；门厅东边第二对柱子之间，石门槛上置有六扇木屏门。屏门东是明堂，明堂两侧被板壁隔开，为住户用屋，用屋朝天井开有方格子木门。南北两边贴墙处，置有楼梯。

一进北，建有抱屋，面积30.80平方米。朝西开有石框大门，贴南墙置有小天井。这抱屋，是造给家里的佣人住的。土地改革后，申屠济成两夫妻便被安排在了这抱屋里。

一进东是天井，中间露天部分与一进齐平，两边置有须弥座、太平缸。两边厢楼，进深二柱，两坡硬山顶。厢楼与天井间置有过道。厢房格子门开在一进明堂口的过道两头。

二进比一进高出半个台阶。进深四柱，8.45米，屋檐为重檐，两坡硬山顶。天井口置有过道，两头开有边门。南门连接门外道路，北门外有巷子。二进明堂最出面的两根柱子后退1米，让在了过道里。二进明堂进深三柱，明堂东边的屏门上方挂有“敬德堂”堂匾。敬德，就是崇尚道德。意思是说，只有有德的人，才可承受天命。明堂两边是用屋，南北贴墙处布有楼梯。屏门后是后堂，后墙上偏南一边开有一扇石框后门。另外，这里的柱子不仅粗而且直，垫在它足下的石础也是经过特意雕刻打磨过的。此外，二进过道边用的木格子装饰也很特别。

敬德堂天井周边的雕刻，如牛腿、抬梁、拱托、莲花柱、花板、门窗花格子等，都很精美。与传统的徽派风格不同的是，这里的门窗上都装上了玻璃，有的还是彩色玻璃。

申屠济成原本是一介拾粪农民，靠做草纸生意起家，逐渐成长为村里的地主与工商业资本家。他的店铺分布于杭州、富阳、深澳、窄溪、桐庐县城，富春江上还有他的运输船队。在村里，他拥有诸多地产。申屠济成育有三个儿子，这敬德堂是分给他大儿子申屠鸿猷的。申屠鸿猷（1908—1951），毕业于日本早稻田大学，倾心于果木研究。抗日战争时期，他自己出钱组建猎人队参与抗日。解放战争时期，他与金萧支队关系密切，桐庐解放时是他带着金萧支队成员与南下部队进行了接洽，为桐庐的解放做出了贡献。

恭思堂：深澳村现存最大单体民居

周国文

恭思堂坐落于江南镇深澳行政村深澳自然村后弄居，是“七井房”的组成部分。“七井房”是晚清富商申屠济成在光绪癸巳年（1893）前后建造的，至今已有一百三十年历史，占地1200余平方米，建筑面积1810余平方米。前三进称“敬德堂”，建于清光绪十九年（1893）。后三进建于民国五年（1916），称“恭思堂”，也有一百多年历史了。

作为深澳古民居的代表之作，恭思堂的结构颇具典型性。主屋面阔15米，总进深50米，五间六进，石条框架的大门，显得庄重而厚实。走进大门是回堂，再往里走是明堂，明堂前摆有长案，案前圆桌，摆有太师椅。这样的摆设显得规矩又有气派。回堂正门平时不开，只能从两侧边门进出。只有到了贵客，或者有重大活动时才开正门。依托敬德堂西墙，建有一座三合式楼房，坐东朝西，朝南开边门。在其西墙外又共墙建造另一座三合式抱屋楼房。两座三合式楼房相向而立，布局巧妙。恭思堂同样建有抱屋，这座抱屋坐西朝东，五间二厢，楼房后门外有一小花园。恭思堂第三进西墙外，建一带小天井的楼房，作为厨房和仓库。六进主建筑、三座西抱屋和厨房，共同形成一个严密规整的四合式大院。

恭思堂天井用青石板铺成，最大的主天井长7.5米、宽4.5米。沿天井布有排水沟。天井四周的楼房均采用重檐，不仅有利于遮蔽风雨，还增加了视觉上的层次感。天井起着采光、通风以及收集排泄雨水的作用。下雨天，雨水从屋檐上落在天井里，符合风水上的“四合归一”的说法。这些雨水经四周的明沟排入阴沟，随村中的水系排出村外。天井中的须弥座上，摆放有两只太平缸，平时蓄水养鱼供观赏，又可作为消防的水源。晴朗天气时，阳光照进天井，落在厢房的窗棂上、房檐上、梁柱上，映出美轮美奂的木雕装饰。

恭思堂

穿过主天井，就是主人接待客人、家人祭神拜祖的“明堂”。明堂的太师壁上悬挂着堂名匾额和多幅书画，壁前摆放着一条长案，案前是一张做工精细的圆桌，两旁是太师椅，显示主人家境殷实的派头和风雅。明堂后面是退堂，从退堂进入即后宅。这是主人的私人领地，外人是不能随便进入的。除了沿着中轴线的四个天井外，恭思堂还有三个三合式的抱屋，抱屋天井给抱屋增添了幽雅的空间，让人觉得又是一个世界。

恭思堂因为墙体高大，建房的时候工匠们在墙体里竖着埋了许多杉木起加固作用，每一进房子用马头墙隔开，用以防火，也叫“封火墙”。从外面看，恭思堂的四进马头墙相连成片，颇为壮观。

恭思堂内部布局紧凑合理，充分利用空间，采光散水巧妙，不仅注重各种不同功能和用途的搭配，也合理分配了家族内不同的需求，强调了家庭的分合一统。恭思堂因其建造年代不同，在建筑工艺、木雕装饰和布局理念上都留下了不同的时代信息。恭思堂内的木雕装饰精美，内容丰富，所有梁、枋、窗格的雕刻图案无一雷同，有吉祥花卉、神仙瑞兽、三国水浒、忠孝节义等等。天井四周楼层裙板的雕刻，自花坊以上达到七层之多，可谓当时的“豪宅”，而且其中一些雕刻图案带有西方文化的风格，受到民国时代的影响。

2011年，恭思堂被列为第四批县级文物保护单位；2017年1月，纳入深澳建筑群，公布为浙江省第七批省级文物保护单位；2018年8月，为中央电视台四套《国家档案》“家在钱塘”拍摄点。

敬胜堂：百年兴衰转头空

黄水晶

敬胜堂

敬胜堂位于凤川街道翙岗村，坐西朝东，由东边正屋堂头屋与西边一座抱屋合成。正屋东西长21.60米、南北宽13.70米，面积为295.92平方米，抱屋面积为115.78平方米，总面积为411.70平方米。

正屋门前有一块由青石板铺就的方形道地。大门上头，门楣呈“品”字形分布。下面门楣的南北上角，还专门镶嵌着类似“龙”的浮雕。这“龙”，就是神话传说中的“鳌”。将它镶嵌这里，说是能镇宅避邪。另外，门边立柱脊背上，还装饰着饼状的“福”字。立脊两边，还有像“门环”一类的图案。大门做成这般样式，在翙岗村古建筑里，是独一无二的。

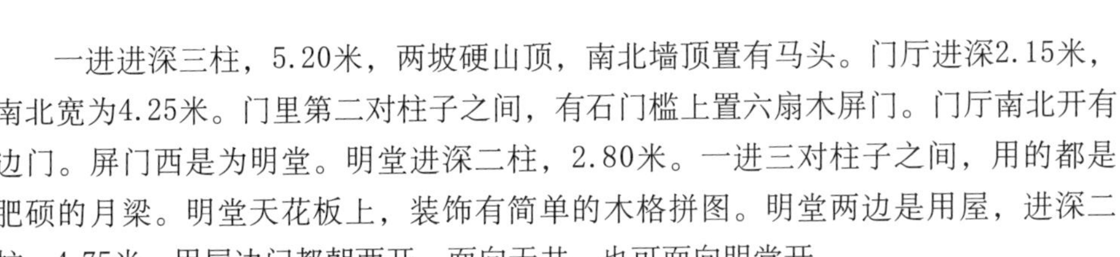

一进进深三柱，5.20米，两坡硬山顶，南北墙顶置有马头。门厅进深2.15米，南北宽为4.25米。门里第二对柱子之间，有石门槛上置六扇木屏门。门厅南北开有边门。屏门西是为明堂。明堂进深二柱，2.80米。一进三对柱子之间，用的都是肥硕的月梁。明堂天花板上，装饰有简单的木格拼图。明堂两边是用屋，进深二柱，4.75米。用屋边门都朝西开，面向天井，也可面向明堂开。

一进东置有下沉式天井，南北长6.20米、东西宽3.70米，中间露天部分都铺有青石板。天井两边留有0.80米宽的过道，天井中间置有2米宽的青石板“石桥”。两边厢楼，进深二柱。厢楼朝向天井一边的隔断，下面是砖墙，上头是板窗。二楼环天井是走马堂楼。厢楼为重檐，两坡硬山顶。

天井周边只有下堂两只牛腿基本保持完好，其余的都是后来修复的。从天井样式与周边牛腿和窗花推断，这房子大约是明朝之前的产物。

二进比一进高一个台阶，进深四柱五檩，10米，两坡硬山顶。二进靠近天井一边，留有1.20米宽的过道，上方置有卷棚顶前檐廊。二进明堂进深三柱，7米，南北宽4.25米。明堂西南北三面，皆用很高的石门槛，石础也很气派。大堂两边的柱子都很粗大，柱子上用的是月梁。西头第三对柱子之间置有屏门，屏门上方挂着“敬胜堂”匾额，意思是“要诚敬，不要懒惰；要追求正义，不要追求私欲；任何事情，不自强就会失败，不诚敬就不能久长”。匾额下方，置有搁几、八仙桌与太师椅等物件。明堂南北侧是用屋，进深二柱，4.75米。用屋里柱子间，也用着肥硕的月梁、考究的石础。用屋边门都朝堂前开。明堂屏门后是后堂，进深二柱。

据说，这房子最早是一个寡妇造的。如今，已无传人。

汪家屋：随遇而安的汪家人

黄水晶

汪家屋位于凤川街道翙岗古街悟新堂对面，三间两厢，面积139.38平方米。汪家屋不是汪姓人造的，后因汪姓人买下并长住于此，这房子便被叫作汪家屋。

汪家屋坐北朝南，砖、木、石结构。大门外是一条东西向的巷子，巷子西头是敬胜堂，汪家屋大门开在南墙的东侧，距东边墙角1.42米。汪家屋建造之前，他家南边李恩锡老屋已经造在那里了。后来者造屋不能对着李恩锡老屋朝北的门，因此，屋主选择把门开到东边，距老街近。汪家屋地基垫得比较高，大门前垫有三个台阶，这符合“后来者居上”惯例，也有利于房子防水。门框很是单薄，大门的上头约1米处往外置有突出的门楣。

汪家老屋的房子结构，从空中往下看，如同开口朝南的“凹”字。“缺口”处是天井，缺口两边是厢楼，后面那整块位置便是三个房间，外加贴东西墙上的两张楼梯。厢楼二楼，朝南分别开有小方窗。

老屋天井东西长5.58米，南北宽1.87米。中间紧靠南墙的地方，置有一个宽0.35米、长1.80米、高0.45米的平台。天井东西两边分别留有过道。厢楼进深二柱，面天井侧没做花格子门窗，而是直接做了木门。木门上方装着木格子花板。贴墙的那根柱子上，装有雕花的牛腿。厢楼的屋顶为两坡硬山顶。

从正面看，汪家老屋的南墙也像是个“凹”字。天井边的南墙是矮墙，两边厢楼的南墙却是高耸的马头墙。如此，东西边厢房的两个码头，压着中间的一道矮墙，很有一种遥相呼应、比肩腾跃的动感。

天井西边厢楼的一楼厢房是一休闲去处，东边厢房却只能做连通大门的通道。

天井北面为汪家屋主楼，屋顶两坡硬山顶。东西墙顶砌有马头。天井北是一条长长的过道，连接北边中间三个房间。两侧的两张楼梯也连接天井与两边的厢房。

汪家屋

正中间的房间是大明堂，进深四柱，明堂两边最南头的那对柱子上装有雕刻精美的牛腿。明堂两边，由南而北第四对柱子间做有木屏门。屏门前是坐起。屏门后为后堂。北墙上开有一小窗户。明堂两侧，分别是一个大房间，为用屋。北墙与东西墙上，都开有小窗户。用屋的边门朝南，开在大明堂一侧。

汪家老屋东边临街，但没有开出开店的门面。这说明，屋主人在造这房子的时候，没想到要开店铺。

汪家人从安徽迁来翙岗大约有一百多年。当时在老街的西面、汪家屋的北面他们开了一间糕饼店。屋西头还有扇门与糕饼店连着，生活很方便。1927年2月，因战火店被烧了，汪家再没把这个店建起来。幸亏当时家里还有三亩田，靠种田延续了下来。

汪家屋曾好久没有住人，屋里长出高大的梧桐树，房子险些烂倒。近几年政府重视保护古建筑，经过维修，汪家屋才得以恢复。

联庆堂：兴旺百年朝复暮

黄水晶

联庆堂位于凤川街道翙岗经畲堂西墙后，坐西朝东，三间二弄二厢。它东墙骑靠经畲堂西墙，大门即为经畲堂后门。联庆堂西面对着西边开阔的田畈，南边有部分位置与人家房子相靠，北面抱屋与朱雀巷西段为邻。联庆堂东西长15.10米、南北宽14.35米，西南角有10米位置缩进1.28米，实际面积203.89平方米。房子北边有一长溜抱屋计90.60平方米。

联庆堂

联庆堂既然是经畲堂后堂，建造的目的就是安排家属居住。家人出入，一般都走经畲堂后门。1949年后，经畲堂被政府没收，经畲堂后门被封，从此经畲堂与联庆堂再无瓜葛。

从经畲堂西大门进入联庆堂，即为1.30米深的挡雨门廊。为撑住门廊，大门南北两边贴墙位置立有两根柱子，上有牛腿。门廊屋檐与厢楼二楼屋檐是连接在一起的。门廊为单坡硬山顶。可惜维修时，这门廊没有恢复。

门廊西面是天井，南北长5.15米、东西宽2.10米，南、北、东三面留有水沟，出水在东南角。露天部分与四周齐平，天井里置有两只须弥座与太平缸。

天井南北分别留有1.08米宽的过道。两边厢楼进深二柱，南北进深3.15米，东西长3.15米。两坡硬山顶，重檐，马头墙。厢房隔断，中间置有一对格子木窗，窗下由整块石板站立作“墙”，用以防潮。花窗上头，饰有横放的方格子花板。两边西侧柱子上各有一只牛腿。

天井西即为主屋。主屋高出天井一个台阶，进深六柱，11.20米。这里面对天井的一对石础是八边形的。前两步走廊上方置有前檐廊，廊下南北向置有宽阔的过道。南北开有边门，南门外是出路。南墙到边门西角位置，往北收缩1.28米，门内过道还剩1.75米宽。余外过道，因为大堂两边都是第二柱起隔，所以宽皆为2.90米。北门直接进入抱屋，由东而西一、二对柱子之间架有肥厚的月梁。第一对柱子的石础是八边形的。

前檐廊与明堂之间，楼板下做有起分隔作用的花格垂幔。明堂东西进深8.40米（包括过道），由东向西第五对柱子之间，隔有4.65米长的屏门。屏门上方挂有“联庆堂”大匾。屏门朝东中心位置，摆放着搁几、八仙桌、太师椅等器物。屋主人起“联庆”堂名，寓意喜事“连庆”，估计主人家造好了前面的经畲堂，接着又乘势建造了后面这座房子，于是双喜同庆，取了这么个充满喜庆的“联庆”堂名。

大堂两边为用屋，两边贴墙处是楼梯。联庆堂屏门后是2.80米宽的后堂。联庆堂南面用屋原本住着李启源的儿子李昌夫一家。联庆堂北面用屋，包括北边的抱屋，住着李启玉的儿子李康尔一家。因为联庆堂朝东大门被封，住户得走西面的边门了。

李启源、李启玉的兄弟李启中，解放前去了台湾，2017年清明节曾回乡给父亲李来源上过坟。

最后还是来理一下住经畲堂里的这户人家的脉络。李浦舟的爷爷，是墙里人，是他建造了存厚堂。第二代主人李浦舟的父亲，住在存厚堂北边的宜修堂抱屋里。第三代主人李浦舟，经畲堂、联庆堂的建造者。第四代主人是李振熙兄弟，李振熙是一位医生，他的兄弟死于太平天国时期。第五代主人是李振熙的儿子李来源，他遇到了解放与土地改革。第六代屋主人就是李来源的儿子李启玉、李启源、李启中了。

贾秀堂：就是“大新屋”

黄水晶

贾秀堂坐落在凤川街道园林村鲶鱼山自然村后山脚下，距江南公路约350米。建于清末1886年11月，为秀才王心元所建。坐南朝北，三间二弄二进楼房，马头砖墙。房子面阔14.80米，长18米，面积266.4平方米。石条框架大门朝北，门前有一条狭窄的卵石路。

一进进深五柱6.05米，两坡硬山顶。一进明堂进深四柱，两边用屋进深二柱。南北贴墙处，置有北南向楼梯。天井东西长4.60米，南北宽2.80米。两边过道1.30米，过道边置有厢楼，进深三柱。厢楼的窗户是雕花格子窗，天井边沿石板砌筑，天井为卵石所铺，两侧厢楼为走马楼，两坡硬山顶。四周牛腿等装饰构件，雕刻精

贾秀堂

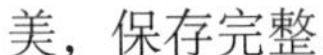

美，保存完整。

二进进深四柱，两坡硬山顶。靠天井一侧置有过道，顶上装有龙骨前檐廊，两头开有边门。明堂进深四柱，由北而南第四对柱子之间置有屏门。明堂两边为用屋，结构与一进用屋相同。屏门后置有后堂。所有木柱均有石础。整座建筑显得小巧而雅致。

据王心元八十多岁的孙媳妇华国秀说，王心元当年是没有实力造堂头屋的。他调换好地基，原本是想造一座三间头房子的，给他家造房子的东阳匠人老是劝他造堂头屋，不知什么原因，王秀才居然就听信了匠人的话，改造堂头屋了。但王心元毕竟只是个穷秀才，待他好不容易把房子竖起来，已是身无分文。不得已，他只好卖了家里的那几亩田，才勉强把房子粉刷下。至于室内的好多工程只好搁下不做了。

王心元在这个屋子里养大了三儿一女。到了儿孙辈却多有不顺。王金文问卦求神，说是大门朝向正北造成的，恐是那东阳匠人有意捉弄人。王金文决意把大门改一下向，不想改门时墙又塌了下来，于是小手术又变成了大工程。

贾秀堂被立为古建筑后，这老房子又遭到了一次劫难。一天，来了几个像模像样的人，说是县里来的，要看看他家的老房子。华国秀没提防，就开了门，让他们去看了。谁知道，这些人竟是盗卖古物的。他们在夜里从屋后挖了个洞，把贾秀堂里面的六只牛腿、两边花格窗全拆下来，第二天一早用车拉走了。如今，贾秀堂经修缮后整体保存比较完整，没有盗走的雕刻上依然涂着黄泥。

问及房子为何叫贾秀堂，华国秀与她的儿子都说，没有听人说起过这名字，当地人把这房子叫作“大新屋”。

凤清堂：雏凤清于老凤声

黄水晶

凤清堂坐落于凤川街道翙岗村墙里，坐东朝西，原本三间二弄二进，后又在大门外加造了一进。建筑为砖木结构，东西长25.40米、南北宽13.65米，总面积346.71平方米。大门前砌有三级石阶，两边砌有护栏。大门边门墩，没有雕刻图案，大门上也没有文字。门楣砌到二楼开窗位置。

门内为一进，面宽12.46米，进深五柱，8.40米。南北墙为马头墙。屋顶为两坡硬山顶。门厅进深二柱，两边开有边门。由西而东，第二对柱子之间的石门槛上置有屏门。屏门东为明堂，进深三柱，明堂楼板下，装饰有“卍”字一类木格子拼花，两边横梁上饰有简单的浮雕，梁下还装饰着横向的花板。明堂东边柱子上，牛腿上雕刻的是夔龙图案。两侧用屋进深二柱，贴墙处分别置有楼梯。

凤清堂

明堂东边，置有一长方形小天井。露天平台与四周持平，出

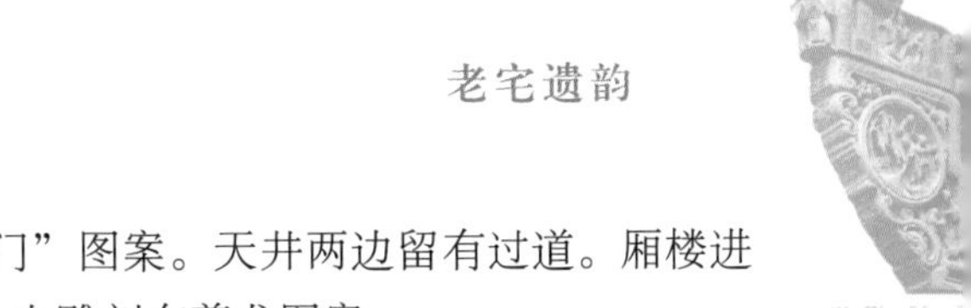

水在西南角，出水口挡板上刻有“鲤鱼跳龙门”图案。天井两边留有过道。厢楼进深二柱，一楼厢房已被改造。两只牛腿还在，也雕刻有夔龙图案。

从一进天井跨入凤清堂正屋，大门里也有门厅，且大小结构与一进相同。门厅东是明堂，进深二柱。明堂邻天井一侧，置有南北向过道。南头开有边门，可进入凤藻堂北边的巷子。明堂两边的大梁上没有雕花。平脊板下直接装着分隔屏门。两边用屋，进深二柱，贴墙处由东而西置有楼梯。

二进明堂东面，是一个下沉式天井。两边厢楼，进深二柱。唯天井南面没有被改造，依稀还能看出原貌：木格子窗保存完好，上下没有小件雕板。木格子窗中间的花瓶图案很是漂亮。天井四周的牛腿都看不到了。

三进面宽13.65米，进深四柱，面积117.39平方米。三进高出二进一个台阶，高出天井两个台阶。为方便行走，屋主人在天井与三进的衔接处，专门建造了一张置有护栏的“楼梯”。

三进邻天井一边，置有过道，过道两头开有边门。南门是封住的，北头出来就是墙里厅道地。

三进明堂进深五柱，两边大梁与隔断屏门与二进明堂没什么区别。明堂东边，由西而东第四对柱子之间置有屏门，屏门上方挂有“凤清堂”大匾，如今这匾额已经找不到了。屋主人取“凤清”为堂号，应该是用“雏凤清于老凤声”的意思，即雏凤的叫声比老凤的叫声还要清丽。寓后辈胜于前辈，一代胜过一代。

现今南边用屋里住着李关炎，北边用屋里住着李关清。李关炎、李关清的父亲叫李东阳，母亲叫方金和。李东阳的父亲早死，李东阳从小就给人家放牛，这房子也被村里的地主霸占去了。方金和与李东阳一结婚，就去地主家把这房子要了回来。这“凤清堂”，李东阳五个爷爷辈的人都有份。由于生活艰难，他们曾经试图把它卖掉。其中有个讨饭的爷爷就站出来说，这房子不能卖，要留着给李东阳的。如此，其他四个兄弟就不再说话了。于是，凤清堂就留下了。

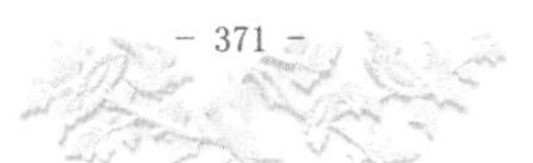

康吉堂：墙里代代出能人

黄水晶

康吉堂

跨过经正堂东头那两道并排着的石框大门，门里就是康吉堂了。康吉堂东西长13.05米，南北宽14.10米，面积为184.01平方米。

一进门即为一进，进深三柱，为二层楼房，重檐，屋顶为两坡硬山顶，南北墙为马头墙。门厅进深1.65米，石门槛上置有屏门。屏门东是一进明堂。明堂进深二柱，明堂南北两边的两根柱子上架着月梁。为划分空间的不同功能，月梁下之地面与石地坎之间做有隔断。明堂两边用屋，进深二柱，西边间做厨房，东边间是餐厅。两边贴墙处，置有由东而西走向的楼梯。用屋开向天井的边门是花格子木门。明堂朝东面天井的柱子上，装饰有精美的牛腿。

一进东边，置有一长方形下沉式天井。水沟出水在西北角，出水口置有雕花的图案挡板。天井露天平台上，南北两边各放须弥座一只，原先上有太平缸。天井南北中轴线是这里住户进出的主要通道，为方便行走，房屋的建造者在天井的东西两边水沟上，都摆放着做台阶用的长石条。天井两边留有过道。两边厢楼进深二柱。面向天井的那根柱子上装饰有牛腿。天井周边，石地坎上都安装着方格子木门。这些木门、花格子窗户现在都还在。花格子门窗做工精细，小件上浮雕生动。门窗上方，安装着横向摆放的方格子花板。康吉堂天井二楼为走马堂楼。二进明堂口的牛腿烂掉了，这里的雕刻比经正堂简单一些，二进临天井处的石础也较一般。

康吉堂二进比一进高一个台阶，进深六柱，8米，两坡硬山顶，南北墙为马头墙。二进西侧天井口，置有花板前檐廊，宽宽的过道直贯南北两头。北头边门通向抱屋，南头没有开门。明堂进深五柱，明堂的天花板已经重修。明堂两边，柱子间架的都是月梁，肥硕美观。由西而东，第五对柱子之间置有石门槛与木屏门，“康吉堂”匾额就挂在这道屏门之上。

“康吉堂”堂名寓健康吉祥之意，但堂匾却已经找不到了。匾额下，置有搁几、八仙桌、太师椅等物件。这儿是屋主人祭祀先祖、缅怀祖德的地方。二进明堂较一进开阔。两边用屋进深二柱。用屋分隔成东西间，东边间打灶做厨房，西边间摆餐桌做餐厅。用屋南北贴墙处，分别置有由西而东走向的木楼梯。东边墙上开着的是两个边门，后堂进深二柱。

从形制上判断，康吉堂应该比经正堂造得早些，距今估计在两百年以上。

欲慎堂：一座堂楼六本书

李　龙

欲慎堂位于江南镇梧村村，是村中保存较完好的几座堂楼屋之一，并且雕刻精美富有特色。

欲慎堂是坐北朝南石墙木构一天井大五间布局。天井内六只大牛腿是狮、鹿、山水各二。上堂的狮子牛腿构图布局合理，造型生动独特，形象圆润饱满，总体印象十分富丽，每个都雕有大小狮及绣球各一，但造型又各不相同，且都用透雕手法：东侧大狮昂首挺立，目视前方，脚踩绣球，气宇轩昂，身披绶带，上串饰物和铜钱，饰物上刻一麒麟，铜钱上分别刻着康熙通宝和顺治通宝，边有一小狮作奔跑撒娇之状。西侧大狮舌头外伸，下与小狮之口相承，充分显示大狮之母爱及小狮承欢之态。东厢牛腿为树下鹿衔灵芝，树上有猴攀登，前一蜂窝悬挂，取意“封侯”；西厢牛腿则是鹿与鹤，取意“鹤鹿同春”；鹿猴鹤皆神态逼真，呼之欲出，尤其是鹿身上，真是毛发油光可鉴，清晰可数。下堂牛腿则以“西湖山水”为主题，都采用最高难度的多层次透雕和透空双面雕手法，使整个牛腿正反面都有强烈的可观赏性。只见山峦重重、流水潺潺、树木葱葱，亭台楼阁堂榭桥宛然。另有小舟各一，或撑篙穿桥而过，或顺水泛舟而来，皆由远而近，驶向天井。两只牛腿共

欲慎堂

雕七男一女八个人物，男女长幼分明，衣着神态各不相同，疑是另一版本的《八仙》。

一是欲慎堂的木雕雕刻技法很全面。高处的浅浮雕、低处的深浮雕、上窗棂的锯空雕、狮子牛腿的半圆雕，特别是山水人物牛腿的多层次透空双面雕，更是把雕刻手法展示到了极致。这种一般用于屏风的高难度雕刻手法竟用于牛腿雕刻上，不能不说是一种奢侈。二是内容的选择，在不同的部位采用不同的内容，并且一座房子中竟用到六部书的内容，在民居选材的趋吉避凶方面也较大度。如厢房八扇窗棂板以《杨家将》为内容；下堂梁枋为《金丝钓河马》；值得一说的是梁下雀替，雕刻的是《三国演义》折子戏，边道冬瓜梁下为“曹操献刀”“貂蝉拜月”“白帝托孤”等，而上堂两梁下四幅均有吕布，从“辕门射戟”到“王允巧设连环计”，个个形象生动；而天井牛腿包封板均用两员武将手握各式锤或锏，个个威武雄壮，威风凛凛；牛腿上横木雕刻六幅以《说岳》为主题的画面，虽然也用了“大闹朱仙镇”等传统内容，但未用经典的“岳母刺字”，反而以“牛皋笑死金兀术”“王佐断臂劝文龙”等折子戏为内容，为别处所少见。尤其是后一幅“王佐献手”，画面上中间一人单膝下跪，正在述说着；右边一将，身披铠甲，雉尾高飘；右边一老妪，立于屏风后抹泪。虽只三个人物，但个个栩栩如生，似乎在向人们娓娓叙说着《说岳全传》中那跌宕起伏的曲折故事……

细观欲慎堂的雕刻，细细一算，还真有六本书的故事内容反映在雕刻画面中了。一般民居雕刻，内容均以吉祥祈福为主，然欲慎堂虽然也有太狮少狮、鹤鹿同春、马上封侯等内容，却也没有像别处那样处处避讳。并且别处常会出现的“和合二仙”，不论是人物还是“荷、盒”都没有出现，而在相应的位置却以“鹿角”“羊角”代替。这不能不说也是一个与众不同的地方。

关于房子的建造年代，据当年房主的后人、现在的房主之一，梧村敦睦堂世字辈李巴颜推算，欲慎堂建于民国五年（1916）农历丙辰。正堂匾额写于“辛酉莫春”，即民国十年。书者落款为“苏亭吴复祥”，不知何许人。

房子的住户，现在还有三户，但以前曾有七户之多。并且居住在里面的人，于1981年曾十二生肖齐全，从中大家也就可以想见当时的欲慎堂是多么的热闹了。而现在，欲慎堂后人中已有梧村李氏最小辈分的“长”字辈，我想这也一定是当年建造房屋人所最希望看到的吧。

庆德堂：老房子的诉说

三　山

庆德堂位于江南镇梧村村，现由李志玉等户居住，也是村中唯一保存完好并至今仍有人常住的有精美木雕的民国前建筑。

整座堂楼坐西朝东，紧贴致远堂右后侧依地就势而建，南侧为小弄，门口逼仄，北侧与致远堂合墙。三开间略窄而二进富足，左右厢房偏小，天井近方形，上堂有三榀，整个结构略显狭长。经丈量开间10.5米，进深18米；上堂是4米开间，5.3米进深，外加1米走道；天井是3.5米开阔，进深3米。整幢建筑雕刻精美，然装饰一般，每个柱底石磉都略低于地面，疑为整个屋架高度计算略有出入。

庆德堂

关于房子的建造年代，依据户主介绍和相关人员推算，房子建成于农历辛丑年，即1901年。为房子作雕花的是本村翁姓花匠，木作是本村海樟木匠；装饰木匠则是请雷坞本家外侄和另外一人，两人各负责南北一边。

庆德堂

综观庆德堂整幢建筑，最值得称道的是主构件雕刻。前厅牛腿是凤凰辅以南松和北枫；上堂牛腿是太狮少狮和狮子绣球，分别以穿线铜钱并标有“耕读传家”和“太狮少狮”字样；上堂东瓜枋下小撑拱雕刻龙纹，天井前枋大撑拱也为明显龙形图案。别的堂楼建筑雕刻最为精细的厢房窗棂花心花结，这里制作则比较简单；涤环板则未事雕刻；边门走道壁板也不作任何修饰。

值得一提的是，庆德堂天井中四柱雀替及两厢横梁包封图案是用锯空雕加浅浮雕的手法以暗八仙的方式出现的。在传统的雕刻、绘画、漆器、瓷器、玉器、木器、装饰、挂件中，常常用八仙图案来表示吉祥如意。有的直接雕刻人物形象，称“明八仙”；有的则以八仙所用的法器代以八仙人和事，称“暗八仙”。在这里，自上堂西南角起按顺时针方向分别为葫芦、扇子、宝剑、箫管、玉板、鱼鼓、荷花、花篮。无论是明八仙还是暗八仙，都表达一种美好的愿望和祝福。

出庆德堂大门左拐，便是致远堂南腰门。致远堂作为梧村现存最早的建筑，已是面目全非：后堂早建成了现代民居；前厅也一半坍塌，只留下几根梁柱，大门上半厅仍在风雨中坚守着；南厢房已改建，北厢房摇摇欲坠；天井中遍地瓦砾，野草茂盛；木构件就裸露于风雨中，甚至躺在瓦砾间，任其风吹雨打，发霉腐烂……

我惊问居户，为什么不事修葺和保护？被问者皆说：房子这么老了，梁柱大多蛀蚀霉变，无人敢上房修理，一遇下雨便到处漏水；连整理瓦片都不敢，房子怎么能不塌呢？再说了，房子住户那么多，住房紧张时还大家一起管理，现在都有了新房，谁还管这老房子呀，只有任其自然了。

我想也是，房子是住人的，得经常有人维护才行。一旦不住人，房子便少了人气，自然也就疏于管理了。而我们的老房子又是特殊的木构架结构，即采用木柱、木梁构成房屋的框架，屋顶与房檐的重量通过梁架传递到立柱上，墙壁不是承担房屋重量的结构部分，只起分隔和阻断作用。而这样的结构最惧怕的莫过于火和雨，如果木架结构因为常年雨水侵蚀而霉烂，那又怎么支撑得起整座房子的重量呢？

里三进：严坞老屋故事多

李　龙

江南镇凤鸣村严坞自然村，是个四面环山的山村，只在西北角留了一个小缺口，以前就从这小缺口进出。现在于东北角山岙里开出一条路来，与外面的公路相连。它是个三姓为主、和睦杂居的村落，俞、姚、郎三姓世代而居，少有别姓。它又是个历史久远的村落，自汉代起就有人居住。严坞的得名，就是因为当年严子陵从青源小水顶下来后曾在此隐居。到明清时，严坞已是邑中大村，村中现留多处清代建筑。因为地处偏僻，未经战火洗劫，只遭到“文化大革命”的人为破坏，所以像民居这样生活必需的建筑基本保存完好。

里三进

里三进位于严坞村俞家自然村村西，建于清末。建筑坐北朝南，占地面积448平方米，块石墙，木结构，双坡硬山顶，三间二弄三进四合式楼房。第一进梁架用五柱七檩，天井石板砌筑；天井两侧设厢楼，用三柱五檩，双坡硬山顶；第二进梁架用三柱八檩；后天井石板铺筑，天井两侧为三柱五檩、双坡硬山顶厢楼；第三进梁架用五柱七檩。该建筑的名称，也有称“离三井”的，因无堂匾或记载而无法确认，因建筑结构及所处位置，故以“里三进”称。

里三进的雕刻艺术，不论是牛腿、梁枋，还是花窗、涤环板，都很精美。但这里的故事，更让人津津乐道。单一个“金西

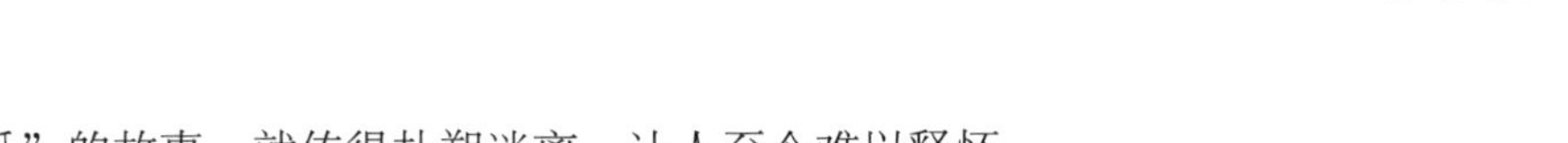

瓜”的故事，就传得扑朔迷离，让人至今难以释怀。

话说改革开放以后，人们的生活条件日益改善，村里准备安装自来水。里三进西间后厅东厢房及后堂住着原房屋女主人某氏。某一天，她突然跟前厅西厢房的住户提出交换住处，原因是她家人少而房大，对方人多却房小。对方在确认情况又得到绝不反悔的保证后自然喜出望外。然而后来发生的事却让人知道了换房的真正原因。

本地住户的厨房里大灶前都会有个大水缸，高及腰上，可储几担水，以供一家人一天生活之需。但因缸高占位大，勺水也累人，于是就在地下挖一大坑，把水缸下部埋于地下，以降低高度。现在村中安装自来水，灶前水龙头和水池是必不可少的，因此那大水缸即使不移走，也定会移动。而移动大水缸，就会移动一个隐藏多年的秘密。而这个秘密，与房屋的原女主人有切身利益关系，这一点，只有原女主人知道。所以她想出了换房的办法。

当一切安排停当，她也如愿回到了这个小厨房。于是就挑个黄道吉日，移开水缸，取出了埋于缸底的一个大铁球，俨然一个铁西瓜。当时并没有刻意回避旁人，所以有好几个邻居在现场看到了取宝经过。

原来，这铁西瓜也是一个秘密，那里面藏着宝物呢。至于是什么宝物，可就众说纷纭了：有人说这是个金西瓜，里面的西瓜籽都是金子；有人说这是个宝西瓜，里面放着好多金银宝贝；有人说，这铁西瓜就是一个盒子，打开机关就能拿出里面的宝贝……具体是什么，当时并没有打开，所以也就没有旁人亲眼看到。而没人亲眼看到，才更让人捉摸不透呢。

而关于这“金西瓜”的来历，又有了几种版本的说法，最经典的一种说法是女主人娘家是洲上的，她父亲就在江上讨生活。那时年年发大水，所以也常常能从江中打捞些东西回家。那一年又发大水时，她父亲撑筏打捞，从上游漂来一只大白皮箱，箱后有一个妇人呼救，说是箱中财物就是谢礼。但不知怎么，箱子打捞上来了，人却没有。箱中除了一大铁球，也没多少值钱的东西，所以也没把它当回事，就当孩子玩具。聪明的她知道这里定有玄机，就从娘家讨要带了过来。后来社会发生变革，家产都被迫分了，她把这秘密埋进了地下。谁知偏又分给了别家。于是就有了上面的故事。

以上故事，只是听乡人口述，相信读者也不会较真。只是说明一点，这一座座老房子，都储存着当年的悲欢离合，都记载着人世的荣辱兴衰，需要我们去细心解读。

九房老屋：一段独特的历史

李　龙

从江南镇石阜村现存完好的古建筑来看，九房老屋算是比较古老的了。它坐落在石联自然村。据现户主方湘林老人介绍，这座老屋为方氏九房中现存最早的族屋，石木结构、三间两弄两进四合式楼房，已有约两百年历史。建筑坐西北朝东南，占地面积252平方米。双坡硬山顶，马头墙。砖砌大门上置门楣。一进明间前后置五柱。天井用青石板铺筑。两侧均为双坡硬山顶厢房。二进明间重檐，置前檐廊，两侧开边门。

九房老屋

这里的牛腿、斗拱、山雾纹做工较为精细，从中可大致判断建造于清道光年间。这里的梁枋雀替采用升斗方式，与清末不同；牛腿采用深浮雕手法，多线条装饰，雕刻内容为简单的一只蝙蝠衔一串铜钱，寓意“福在眼前”；下堂上枋木雕刻聚宝盆图案，两垫方刻佛手和寿桃，寓意“招财进宝”“福寿双全”。所有构件中制作最精细的是升斗式雀替。下枋、檐廊、大梁、门窗均不施雕，唯天井厢房中窗门做花格天头，窗下槛板为砖砌粉刷后刻线纹。

据屋中老人讲述，这房子在清朝咸丰年间曾遭到“长毛反”的扰乱。那么，它又是如何保全下来的呢？我们不妨来了解一下当年的历史。

所谓“长毛反”，是民间对于洪秀全、杨秀清领导的太平天国运动的称呼。因太平军在后期影响桐庐县，军纪不整，百姓多受其害，据传江南一带有许多民房和寺庙被其焚毁。民国《桐庐县志》称其为“洪杨之乱”。

据县志记载，咸丰十年（1860）九月，太平军从分水金竹岭入县境。第二年又来，随后占据桐庐一年半。所到之处烧杀掳掠，百姓躲藏逃难而死的不计其数。直到同治二年（1863）克复县治，北乡户口耗十之八九，南乡户口耗十之五六。在这样的惨状下，当地百姓奋起反抗。“其间办乡团者，南乡有胡琛、胡履谦、施绍棠、陈士瑜、赵焜、方金琢、孙宇镕等。”这里的方金琢就是石阜人。

同样的县志记载：“方金琢，字古香，定安乡石阜庄人，邑诸生。少有志略，粤军踞杭之新城，欲自下港结筏南渡，金琢励众拒之，相持三昼夜，卒不得渡，江以南得无恙。”

方金琢的事迹，表现了石阜村民的勇气和智慧。在和平年代生产置业，村落屋宇鳞鳞，蔚为大观；兵乱时期，又能临危不乱，勇拒强敌，保家卫国。在“南乡户口耗十之五六”的情况下，像石阜这样的富庶大村居然能安然自保，这也真算得上是一个奇迹。如果不是方金琢这样的有勇有谋的有识之士振臂而呼，百姓作鸟兽散四处逃窜，何以保家？何以卫国？

一座堂楼屋，是一种客观的存在，更是一种历史的记忆和文化的传承。从这幢九房老屋里，我们除了看到了建筑的美学，更了解了那一段独特的历史。

走出老宅，看到门扇上悬挂着三块陈旧的小木牌，仔细辨认，是“革命光荣”牌，上面还有五个红星。虽不能肯定其确切事件和年份，但直觉是与保家卫国有关，相当于现在的“军属光荣”牌吧。后来从住户那了解到，1949年后这幢老宅曾有3人参军。从一座房子里走出去好几个保家卫国的英雄，这应该与这里的历史和传统有着千丝万缕的联系吧。

六言堂：当年的抗战指挥部

李　龙

六言堂

桐庐古建筑中，一些较大规模的堂楼民居都有堂名，而这些堂名中很多是带数字的，并且都有出处典故，蕴含着丰富的内涵。如岩桥王氏“三槐堂”，可据苏轼的《三槐堂铭》。又如深澳申屠氏有“九思堂”，孔子曰“君子有九思”。而石阜的“六言堂”或是“六贤堂”，又当作何解释呢？

关于“六贤”的说法，古已有之，张岱《西湖梦寻》有“六贤祠”的记载。所谓贤者，是对当地有所贡献且为人们所公认的杰出之人。当然，石阜这座堂楼屋是否有“六贤”，并无公论。但据传，原房主人生有六个儿子，并且希望他们都能成为贤人，以此作为堂名的来历也无可厚非。

不过也有村人说，是“六言堂”，六个儿子每人一句，取集思广益之意；并且“六言堂”也有典故。《论语·阳货》：“由也！女闻六言六蔽矣乎？”何晏集解：“六言六蔽者，谓下六事：仁、知、信、直、勇、刚也。”晋陆云《晋故散骑常侍陆府君诔》也有“六言六行，匪君不肃”。所以，以“六言”名堂，也是典雅而内涵丰富的。

后经村中老人证实，堂名是“六言堂”无虚，可惜当年堂匾无存，也没能保留相关文字记载。不过无论是“六贤堂”或是“六言堂”，都寄托着美好的祝愿。

六言堂位于江南镇石阜村石联自然村，坐北朝南，为清代建筑。砖木结构，双坡硬山顶，马头墙，占地407平方米。建筑由主屋和抱屋组成合院式楼房。主屋五间二进二厢四合式楼房，一进明间置回堂，五柱七檩。天井用青石板铺设，四周为走马楼。天井两侧厢房花格长窗、横风窗雕刻精美。厢房与一进次间用过海梁衔接。二进地面高于一进10多厘米，明间四柱七檩。楼板均用小杉木拼接而成，十分结实。牛腿分别为太狮少狮、狮子绣球、松鹿、松鹿鹤，替木雕刻四季平安和棋琴书画。上堂枋下雀替为马上松鹤图和跪乳反哺图，特别是小羊跪乳和乌鸦反哺，直接反映人子之孝和知恩图报的家庭美德和传统道德观。抱屋依附主建筑东墙而建，双坡硬山顶。整幢建筑保存较好，布局规整，梁架完整，用料考究，具有一定的历史、艺术价值。

据说，这六言堂在抗日战争时期曾作为国民政府军作战指挥部。我们也在六言堂屋旁发现了一块石墓碑，除部分文字被水泥填埋外，可见内容为“曾任挺三纵队二支队　七中队队长之　抗日阵亡胡利（坚）　四川省大足县人 卅四岁 宣统　民国　”，落款为“民国三十三年九月十日　妻”。

由此回想起桐庐的抗日救亡运动，除景山岭之战外，石阜村民也曾参与到与日军的正面交锋中。1942年5月19日，日军原田旅团攻陷桐庐后长期盘踞县城，又在窄溪等地设立了据点。6月10日，石阜、前村等村37名青年协助国民政府军七九师二三五团三营官兵袭击窄溪日伪军，伤、毙敌十多名，俘战马29匹。6月11日，踞桐庐和窄溪的日军两路进攻国民政府军驻地石阜。当地青年农民积极主动协助国民政府军战斗，打得日军丢下几具尸体，狼狈败退。石阜青年方宪初还从敌人手中为国民政府军夺回重机枪一挺。1945年8月1日，日军的“樱”特攻队抵下港，2日偷渡窄溪，被挺三纵队和当地民众合力击退……这里，明确记载了石阜为国民政府军驻地，以及第三战区挺三纵队与当地民众抗击入侵日军的事迹。或许，前面墓碑所载的胡利坚就是在这场战斗中英勇献身的。

如此说来，六言堂已不仅仅是一座普通堂楼，它还见证了那个军民共同抗击外来侵略的特殊年代，见证了日军的残暴和我国人民的英勇顽强。在这里成长的，何止是六贤？从这里走出去的，正是千千万万为民族解放事业而不惜牺牲个人和小家的历史贤达。

六言堂，是一座堂楼，更是一座丰碑。

植善堂：耕读植善私塾馆

李 龙

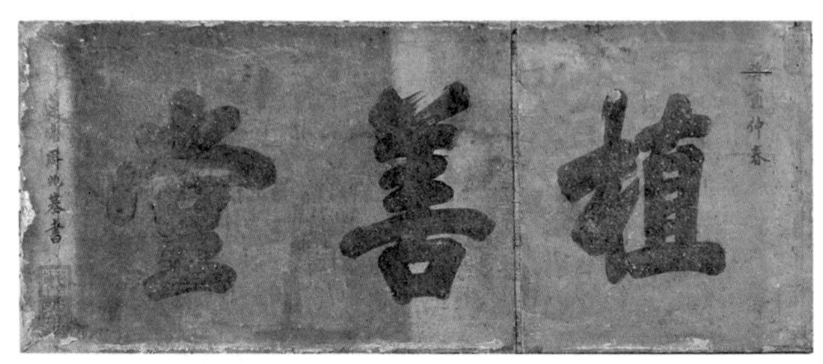
植善堂

植善堂位于江南镇石阜自然村，是一幢三间二弄二进四合式楼房，坐西朝东，砖木结构，双坡硬山顶。房屋内部结构为一进三柱五檩，明间中柱间置石地槛，天井石板铺筑。两侧为二柱三檩，双坡硬山顶厢楼。天井四周屋檐均为重檐。二进五柱九檩。通面檐廊，两侧开边门，上置雕花门罩。

植善堂与村中别的民居相比较，有多处不同。一是边门门罩保存完好。二是天井四周全设重檐，这在石阜村为数不多。三是门口原有围墙和台门，这在用地紧张的石阜算是奢侈了。四是改造较大，天井内一侧建了台阶直达二楼，第一进外墙及檐头全部翻修成20世纪80年代普通民居的模样。

从边门走进，建筑布局规整，但上檐廊严重腐蚀，檐廊顶雕花已面目全非，柱子牛腿都难以承重，所以曾建了两根砖柱支撑。现经修葺，基本恢复了原建筑模样。

这里的木构件雕刻虽然不多，主体部分还遭到了人为破坏，但因雕刻做法古朴，内容在别处也不是十分普遍，还是值得称道的。

如下堂牛腿，采用了大写意草龙纹，形态夸张，线条流畅，富有动感和张力；上部构图为麒麟和凤凰造型，虽因砍凿而有所损坏，但两个麒麟还是很生动的，一

个是与凤两者相对，一个是回首顾盼，形象雄壮威武。替木雕“四季平安”和“平安如意”寓意的图案及装饰性花纹；替木上支撑木也做得华贵典雅。构件间衔接部位也进行修饰。整个牛腿采用高浮雕手法，加上岁月的熏染，显得富丽而高雅。边上牛腿龙纹比较简洁，替木雕双鱼图案，上置斗拱式支撑。二进的四个门扇涤环板以暗八仙为主要内容配以博古，以浅浮雕方式雕刻，看起来古色古香。厢房格扇虽以线条为主，但保存十分完好。天井宽敞，排水沟出水处鲤鱼跳龙门图案生动传神；原本的两个八边形须弥座缸底座，虽雕刻简洁却也颇引人注目，可惜近年被盗。

关于植善堂的建造者，一说为方应乾字廷健，一说为一寡妇。两种说法看似矛盾，其实也可以相融。据说方应乾自小由伯母抚育成人。伯母勤俭持家，节衣缩食，积累钱财，后有了一百四十余亩田产，成为村中富户。嘉庆年间，方应乾不仅为伯母建牌坊，还是梧村常乐寺和本村阜成庙捐钱助田的大施主。既然有建牌坊一说，那就很可能他的伯母是节妇。此房为应乾所建与伯母所建也可以说是同一回事。

植善堂堂匾仍存，且为“莲塘周兆基”所题。周兆基（？—1817），字廉堂，号莲塘，湖北江夏（今武汉）人。乾隆四十九年(1784)进士，八年后外放陕西提督学政。历任浙江提督学政、刑部左侍郎、吏部右侍郎、吏部左侍郎、工部左侍郎、工部尚书、礼部尚书，最后在吏部尚书任上去世。周兆基是清代乾嘉时期一位身居高位的饱学之士。看来植善堂与周兆基之间还有渊源。

另外，在植善堂后发现了一块“金砖”，被作为普通石板砌在菜窖上。这块金砖边长66厘米，厚10厘米，湿重约80千克，通体黝黑发亮，表面平整光滑。一边有款，加盖阳文官戳，只粗略辨认出“同治十一年成造细料二尺见方金砖……江南苏州府知府李铭皖署照磨查……管造　小三甲张阿长造”等字样，整块金砖的外形端正厚实，棱角分明，质地细密，平整润泽。

有意思的是，植善堂当年的屋主方应乾生二子：毓嵩、毓歧；毓嵩生骥才壶山；植善堂正是邑内文豪方骥才故居。方骥才是拔贡生，著有《柏堂文稿》《秋芙蓉文集》《觉昨非轩诗草》《不伦翁笑笑集》等，深得邑令何维仁（同治六年任）激赏，保举其孝廉方正，特赠“品学纯正”额勉励。方骥才当年曾在植善堂匾下授徒做学问，又在金砖上以毛笔蘸清水练书法，上堂板壁上还依稀可见当年学子科考的喜报。

有道是“积善之家，必有余庆”。当初建造此屋时，女主人或者方应乾便以《坤卦》之要义，用“植善”来命名这幢房屋，而在第二代即有方壶山这一县内名儒，可见传统文化作用真不是虚无的。

至德堂：仁德为先

吴满仓

至德堂位于江南镇石泉村，是该村吴氏宗祠。

“至德堂”是吴氏族人的堂号，是吴姓族人中非常有名的郡望名号之一。“至德堂”这个堂号的由来，源自孔子赞扬泰伯逃荆让德的行为是至德。明正德年间，“至德堂”桐江吴氏十七世永澄公从桐南荇塘东迁至石泉定居。

五百年后，当地村民人口增加了一千五百倍左右，其中常住吴姓人口一千四百

至德堂

多人。

石泉至德堂，始建于明朝，扩建于清朝，建筑面积约1200平方米。石木砖瓦结构，观音兜墙体与马头墙体融合，宗祠前厅首建为木柱抬梁式结构，后厅为扩建，石柱抬梁式结构。扩建时用料十分讲究，各式各样的牛腿木雕无不精制；花鸟虫鱼、神话人物无不栩栩如生；石柱是当时最流行的建筑材料。在改革开放初期，宗祠无人管理，牛腿多处被盗，直到20世纪90年代才得以修复。

石泉村吴氏宗祠扩建时，靠百箬山有一条“龙脉”进入宗祠，这是风水学说中的寓意，石泉村后人有靠山，且人才辈出。

“至德堂”家风家训：勤俭治家，仁德为先。《吴氏宗谱》中有“祖训：治家勤俭，处事温和。勤俭节约，爱国爱家；诚信正直，宽容朴实；尊老爱幼，助人为乐；宽厚仁义，与人为善；邻里和睦，家和万事兴”。“至德堂”吴氏后人一直秉承祖先教导的仁德为先。

在至德堂正门上方，有一块袁世凯亲笔匾额“至性过人”，是表彰石泉村孝子吴道邦的。

垂德堂：当年以四百斤玉米易主

许马尔

垂德堂位于富春江镇茆坪村中心，俗称万生厅，即周永明家老屋。该建筑建于清乾隆年间，坐北朝南，砖木结构，双坡硬山顶，置马头墙，总占地面积306.7平方米。垂德堂看上去有五开间，其实是一幢三间两弄前后两进的四合式楼房。

垂德堂的外表并不起眼，远远看去，斑驳的外墙像是一座特别“旧”的屋子。一旦走近它，就会发现在斑驳的外墙上，依然可见当年水墨彩绘的遗迹，仿佛再现着当年繁华的景象。

垂德堂

垂德堂门前有一条鹅卵石铺就的小路，宽不足2米；后墙紧挨二层楼高的石坎，这石坎虽经历了二百多年，仍然挺拔坚固、完好如初。垂德堂正面，除中间大门外，两侧还各有一扇小门与窗，皆用打磨精细的茶园青石做门框架。

进入大门，屋内的景象让人震撼。虽然如今已无住家，但一切保存完好，尤其屋内的木作雕刻非常精美，可见当年工匠们工艺之精湛。在进深不足2米处原有的石槛与屏门均被拆除，但地面仍留有当年的石槛痕迹。

一进厅明、次间梁架用三柱五檩，矩形天井用茶园大块青石板铺成，方正而大气。天井两侧为厢楼，置三柱五檩，双坡

硬山顶，厢楼靠山墙一侧各有一张窄窄的楼梯。天井两侧厢房皆为六扇由槅心、绦环板、裙板三部分组成的槅扇，槅扇门底部裙板内安有活动推板，向上推移便可封闭隔心部位，可用于冬天防风。

槅扇门是中国传统建筑中的装饰构件之一，在桐庐民间古建筑中也是一种较常见的装饰。垂德堂厢房门窗的槅心装饰为横竖分明的拐子纹，这为天井两侧的厢房增添了几分柔和，不仅避免线条的呆板僵硬，又恰到好处地凸显了纹饰的硬朗与挺拔。拐子纹因有“连绵不断”之意，寓意“坐等富贵无尽头，子孙延绵不会断”。

二进堂前左右置有龙虎门，后堂明、次间梁架用四柱七檩，两侧梢间为五柱七檩，其屋内柱子皆用当地粗大的楮树制作，而且全是等截面柱，即柱子的上下均是一样粗细，从中可以看出当年主人家还是比较富有的，在建造此屋时舍得花本钱。

天井四周檐柱与梁枋均用浮雕手法，雕有精美的图案，其雕工精致、洗练，玲珑剔透而不伤整体与牢固。比如堂前檐柱的牛腿，雕刻成“凤戏牡丹”图案；前厅檐柱的牛腿，其边框为楞子纹，内有象征富贵常在、荣华永驻之意的麒麟踏祥云等图案。在当地人记忆中，垂德堂主人是当年茆坪村首富，堪称荣华富贵之人。据说该家族祖上是生意人，当年经营柴炭茶叶和丝绸百货等生意，他们在杭州、海宁、绍兴、苏州、扬州等地均有自己的商铺，比如生活于清乾隆、嘉庆年间的胡纯中，他的两任妻子就在杭城所娶。

垂德堂至今还流传许多十分有趣的故事。比如传说垂德堂东厢房是当年储存银元宝的库房，其银元宝一层层可以堆至齐人高，平时连这家小孩都是拿银元宝来玩耍的，该家人口最多时，连长工、佣人加在一起有六十多号人。

又比如，咸同兵燹那一年，当时长工用十八只石猪槽去埋藏主人家的银元宝。咸同兵燹垂德堂周边的民房被烧掉一大片，也有游兵散勇住在垂德堂好些天，但只是卷走了一些财物，房子倒幸免于难。

又比如，光绪二十六年（1900），袁昶因直谏反对用义和团排外而被清廷处死，同时赴刑的还有许景澄、徐用仪等四人，史称“庚子五大臣”。而桐庐县城袁氏族人怕受该案牵连，其中有一户逃至茆坪隐居。当年垂德堂胡家女儿嫁与袁家人，其中光是山地就有一千多亩作陪嫁。

至民国时期，因垂德堂主人无后，由远房侄儿胡学堃承继了家业。直到20世纪60年初的三年困难时期，周家人以四百斤玉米的代价，将这幢具有二百多年历史的胡氏垂德堂易为周姓所有，现房屋主人为周永明、周永安兄弟两人。

钟氏大屋：在时光隧道中熠熠生辉

许马尔

钟氏大屋

钟氏大屋，又称钟氏祠堂，由三星堂、承启堂、承德堂三个单独院落组成，2003年被桐庐县人民政府列为县级重点文保单位。

钟氏大屋是新合乡引坑村钟姓族人聚居的一组建筑群。明万历四十年（1612），钟珊二十五世孙钟可谅率家人迁徙至此定居，并繁衍成族。引坑地处偏僻，古为要冲，这里盗匪猖獗，兵灾频仍，老村曾毁于明代倭乱和兵燹。钟氏族人当年为求自保，于清代后期建厅堂集中在一起居住。

引坑村前有石柱山为屏，后为大塔山回眸，壶源溪居中穿过，是“狮象守水口”的一方风水宝地。钟氏大屋粉墙黛瓦，砖木结构，围式设计，整体建筑群呈长方形，总面宽为67米，总进深97米，有屋200余间，建筑总

面积达6000余平方米。主体建筑中轴线上分五进厅堂，南北两侧各有布置对称的两排抱屋，组成严谨对称、主次分明的建筑群落。

中轴线上由三星堂、承启堂、承德堂三个院落组成，面向中轴线的抱屋均为三合式的院落，通过天井院落将住户分割成小单元，在一起是个团聚的大家庭，分开又可以各过各的自家生活，既开放又封闭，既聚居又独立。

钟氏大屋为避煞，大门开在东面，门前有照壁，人们进出厅堂得走照壁右边门楼。此类“歪门正厅”的布局大多与地形和房主命卦及意念中的理想朝向有关。因钟氏厅堂正房朝向远远相对的山尖、山坳，与风水朝向不相合有关，故以照墙侧门来替代。据说，过去照壁前曾有两座花园，现已建上民居。

三星堂大门用青石门框，门楣上刻有“舞鹤飞鸿”四个遒劲有力的大字。“舞鹤飞鸿”典出钟繇（151—230）。钟繇，字元常，是三国时期魏国重臣，著名书法家，其书法若飞鸿戏海，舞鹤游天。钟氏族人向以钟子期和钟繇作为家族文化的杰出代表。

三星堂三间三进，由回廊、花厅、主厅及两个天井构成了厅堂的公共空间。这里的梁枋、雀替、牛腿、门窗等，多饰以精细的雕刻，有着浓郁的民俗风格，堪称木雕艺术的精粹。从雕刻技艺来看，精雕细镂，刀法圆润细腻，有线刻、浮雕、圆雕、镂空雕等，格调古雅，精品荟萃。

从雕饰的内容看，有《三国演义》和寓意吉祥的云纹花草、人物鸟兽等图案，栩栩如生，件件称绝。据说面向三星堂其中一只牛腿，当年雕花匠就用了一百多工才完成，而每天镂雕下来的木屑还不足一拳可握，极显奢华。

二进为花厅，面宽11.8米，进深12米。前置卷棚顶廊轩，廊轩为单坡硬山顶。这里的梁枋、斗拱与牛腿等，每幅雕刻都是一件精品，都有一个故事。月梁肥而丰满，施以精致木雕，除有《三国演义》故事外，还有不少云纹、花草图案，底部浅雕双鲤与莲花，寓“年年有鱼”；明柱一对牛腿刻着秦叔宝、尉迟敬德两位“守门神”，雕刻刀路圆滑，线条自然平顺，面部表情十分丰富。守门神承载着钟氏族人避恶驱邪，祈求千秋万代吉祥的心愿。两边镶入墙体的牛腿为“福禄寿”与“和合二仙”图，则表达人们对幸福平安吉利的美好祈望。在廊轩与花厅中，木雕作品最多的还数《三国演义》《封神演义》等故事，比如“三顾茅庐”“关公挑袍”“击鼓骂曹”“诸葛亮唱空城计”“姜太公八十遇文王”等，在这里都可以找到。这些木雕图案结构严谨，造型浑朴，神态超然，堪称是一件雕刻一曲戏，令人回味无穷。

面向三星堂主厅的花枋图案是九只狮子在共戏一珠，每只狮子神态各异，活泼可爱。“九狮同珠”寓“九世同居”之意，这是主人对家族兴旺的一种盼望。还有

一只牛腿，在不足1平方米的面积上，竟雕镂上20多个人物，刀法灵活，玲珑剔透。无论是下面坐船的，还是上部对弈的，个个妙趣横生，具有较强的立体感，也是一件难得的艺术精品。

过青石铺筑的天井即为三进三星堂主厅，三开间，两边用墙与长廊隔开。明间梁枋是一幅精美的“凤戏牡丹”图，图中一株牡丹盛开，两只凤凰相视，惟妙惟肖。明间檐柱上是一对栩栩如生的狮子，圆雕。两边次间花枋则是“蜂猴”“松鹿”之图，寓“封侯”“送禄”之意。两厢的雀替、牛腿、枋梁刻有云纹花草，件件繁杂华丽，十分耐看。明间太师壁上挂有“三星堂”匾额一块，左右两侧各有楼梯一座，二三两进楼层相通。

三星堂是钟氏族人敬神祀祖、婚丧寿庆、宴请宾客以及平时接待亲朋好友之地。两边抱屋为五间三合式院落，中间均有天井。据钟子林老人介绍，当年这些院落大多筑有青石板鱼池，养有花草，虽然足不出户也能怡然可乐。天井是家人平添几许生活情趣、自成安乐的一个小天地。

穿过三星堂后门，是一条宽约2米的卵石小路，亦称通天弄，过此弄即为四进承启堂。承启堂建于清道光初年，旧称钟姓堂楼。双坡硬山顶，马头墙，前置花格平顶檐廊，面宽11.8米，进深12米。堂前宽大的天井由鹅卵石铺成，中间有一“双钱”大图案，足以说明古人祈财的心理。

通过走廊，再穿过一条南北向的小路，便是第五进承德堂了。该堂建于清嘉庆年间，面宽11.8米，进深10.5米，两坡硬山顶，马头墙，前檐为重檐，置檐廊。平面呈凹形，两侧有五开间住楼，结构与承启堂相似，这儿雕饰较为简单。

钟氏厅堂自清嘉庆年间开始建承德堂，至光绪初建完三星堂，前后历时七十余年，始成规模。厅堂布局规模庞大，每个院落都用高高的屏风火墙相隔，十分严谨；排水设施完备，即使遇上暴雨，天井水池也不会溢出和滞留。更重要的是，钟氏厅堂有较丰富的乡土历史底蕴和文化内涵，其雕饰题材大多具有吉祥、风雅、道德教化的内容与象征，正是这种手法使木雕超越了建筑装饰层面上的意义而富有内涵，使人们在视觉艺术中得到升华。应该说钟氏厅堂建筑群，是桐庐古民居中不可多见的经典之作，它对研究桐庐古代宗族聚居建筑群落的形态有着很高的价值。

如今这座大屋，开放与包容并蓄，在时光的河流中依然熠熠生辉。钟氏家族的族人们还会聚集在大屋内，举行各种重大的活动，逢年过节，或祭祀、婚庆等，让这座老屋依然焕发出新的活力。它就像老树发新芽般，古老中见苍翠，蕴藉中勃发生机!

新茂德堂：积德福泽后人

黄新亮

新茂德堂

新茂德堂位于江南镇深澳村村南深澳1279号，建于光绪二十五年（1899），面阔13.85米、进深18.5米，占地面积254平方米，坐东北朝西南。卵石墙木结构，双坡硬山顶，三间（小）二弄四合式楼房。

前进为石条框大门，门额上刻有“惟吾德馨”字样，取自唐朝著名文学家刘禹锡《陋室铭》中“山不在高，有仙则名。水不在深，有龙则灵。斯是陋室，惟吾德馨”。告诫家人虽居住简陋，生活简朴，但为人处世必须立德修身，只有德行天下，才能行将致远，旨在弘扬中华民族传统美德。

第一进设回堂，两侧开设边门，入内上楼梯至二

楼和厢房。从二道门至次间。梁架用四柱七檩，左右两侧牛腿上刻有孔雀等图案，寓意吉祥如意、白头偕老和前程似锦，并在牛腿的正上方分别阳刻方块字“忠”和“福”，“忠”字乃为八德之一，“福”字则有福来盈堂，祈求生活幸福美满之寓意。花枋格窗，木刻图案简洁，线条流畅。天井平展，青石板筑铺，明沟地漏。两侧设厢楼，厢楼梁架用二柱三檩，双坡硬山顶。天井两侧牛腿上刻有花卉和瑞草图案，寓意充满生机和瑞气；并在牛腿的正上方分别阳刻“义”字，乃为八德之一，另一字样在“文化大革命”时期被凿掉，不留字迹。花格窗，墙体为普通平整木板，裙板则采用通体青石板，牢固又防潮。

第二进高于一进0.15米，明间梁架用五柱九檩，单檐，双坡硬山顶，马头墙。明间两侧开设边门，有回间。其牛腿刻有龙之图案，寓意深远。牛腿的正上方同样分别阳刻方块字“寿”，寓意家人健康长寿。另一字样也在“文化大革命”时期遭遇厄运，字迹无痕。

整幢建筑结构简单，用材普通，房梁柱子等较其他建筑明显单薄得多，木雕体量不大，技法居中，要义突出，不失为一种装饰点缀之美。体现堂主人量力而行，注重建筑的实用性，同时更为注重的是，秉承中华民族优秀的传统文化及精神。

据新茂德堂现主人之一申屠新国介绍，旧茂德堂是他的曾祖父于乾隆五十年（1785）所建。他的祖父是地地道道的农民，勤俭持家，儿孙满堂。俗言道：树大要分丫，人大要分家。时隔一百余年，在申屠新国的父亲出生的那一年，建造了一幢面积比旧茂德堂几乎小一半的同名民居。居住最多的时候有七八户二十多口人，既有独立的生活空间，又有共用的休闲空间，热闹非凡。

近年来，户主先后搬出该屋住上新屋，目前老屋闲置。前年，村两委为房屋理漏翻修，初步作为古建筑保护起来。

一幢存活了一百二十余年的古建筑，其现状有些令人担忧，西北面外墙立面发生开裂，墙体严重向外倾斜0.10米以上，亟待修葺和保护，以期重获新生。

宝善堂：耕读传家是为福

李世隆

宝善堂位于江南镇彰坞村老街西边，建于清咸丰年间。坐西向东，木石结构，卵石墙，三合式楼房，占地80平方米。石库式大门开在北侧厢房处，门上有檐，是一座三间一进一天井的两层楼。天井采用青石板铺设，东墙绘有“福”字，作为正堂照墙。天井两侧为二柱三樽，单坡硬山顶厢楼，主建筑五柱九樽。整幢建筑保存较为完整，原始风貌较好，花枋、花窗做工考究，具有一定的文物价值。

像宝善堂这样的结构布局，在村中唯一，想来是因为屋基地所限，既不愿放弃临街的好位置，又无法进一步拓展空间，于是建造者想出这样一个两全之法。走进北大门，约2米处即是三扇花格窗，天头和涤环板都未作雕刻。左转即长方形1米多宽的天井，以青石板铺筑，保存完好，还搭了一个洗衣台。天井石面与屋内地面相平，只以凹形水槽用于排水。石板上布满青苔。天井东侧是约3米高的临街墙壁，西侧即建筑的堂前。因墙壁高度处于堂前

宝善堂

宝善堂

枋木与屋檐之间，使光线可以通过1米多宽的天井穿透而入，堂前有了较充足的采光，同时又保证了房屋的私密性和安全功能。

宝善堂的梁柱都较普通，但两只主牛腿及替木用料粗壮，雕刻的草龙纹也形态自然、线条流畅、雕工细腻。其中一只用黄泥涂抹，想来是当年为了保护而不得已为之。宝善堂的枋木下雀替制作成云龙图案，也算得上精美；牛腿上替木包封板刻“耕”字，想必另一边是“读”字了，是传统农耕文化在建筑上的体现，也表明建造时主人“耕读传家”的人生理想。

再转头看天井边墙壁，檐下画着一个大大的“福”字，红底黑字，万字纹方框，按对角线呈菱形布置，四角四个蝙蝠纹，中间“福”字圆润饱满，共同构成“五福临门”的吉祥寓意。

“五福”源自《尚书·洪范》“一曰寿，二曰富，三曰康宁，四曰攸好德，五曰考终命”，是古代汉族人民关于幸福观的五条标准。后来五福又演化为“福禄寿财喜”，则更符合世俗的要求。五福图案在木雕中较为多见，而直接在墙上大幅画出，则体现了主人的精神追求。其实从“宝善堂”的堂名，也可以看出主人的精神世界。“宝”表示物质财物的积累，“善”则是精神追求的体现。物质和精神两者并重，不正是主人治家态度和智慧的体现吗？这种吉庆、祥和的寓意，不仅体现了传统的伦理道德观念，也充分表达了人们祈盼吉祥、追求幸福的淳朴愿望。

从家中布置及梁间燕窝来看，宝善堂至今还有人居住，仍然富有生活气息。

上街凤藻堂：余晖依然耀眼

吴宏伟

凤川街道翙岗老街到了最上头，一个九十度直角，就往左边拐了。这往左拐的那段路，直通通对着的是一座老屋。居住在近边上年纪的人说，这老屋叫“凤藻堂”。翙岗老街中段，凤清堂南边已经有过一个“凤藻堂”了，为示区别，这里的这个就把它叫作“上街凤藻堂”。

“上街凤藻堂”曾是地主李景亚家的房子。它的东边，过一条巷子，是华祖玉的房子。南边，近乎与之连着的，是李家荣与奚元兴的老屋。北头老屋已经拆去，那房子原本是“上街凤藻堂”的抱屋。西边大门外，是拐向南头去的老街末段。

“上街凤藻堂”与李家荣与奚元兴的老屋已经很老很破败了，这里捡漏一般把它拎出来，是因为它作为老房子的落日，余晖依然耀眼，风情依旧可心。

“上街凤藻堂”正屋，坐东朝西，三进四厢。长20米，宽13.51米，总面积270.2平方米。

上街凤藻堂

从老街踏上两个石台阶，迈进一个1.48米宽的石框大门，就进入“上街凤藻堂”了。一进进深两檩，3.60米，单坡硬山顶，马头墙。据说屋顶南北相向的两个马头下，原本放着两只守宅护家的小型石狮子的，后来被人偷了。门里是门厅。东西1.45米处为一道石门槛，门槛上原本应该有一道木屏门的，现在没有了。

左右有两道边门。屏门里，只有0.80米的过道，没有明堂。这里与二进之间，有一只长4.90米、宽1.35米的天井。天井西、南、北三面留有水沟。天井南北有过道的，现今因为住户扩大过厢面积，已经将过道圈里边去了。周边牛腿之类都被砌进墙里，已看不见原始风采。

二进与一进平，进深六檩，10.30米，两坡硬山顶。西边近天井处有南北向过道。过道北边有门，通自家抱屋；过道南边没门。天井周边是走马堂楼。牛腿与其他雕刻因被砌墙改造，也已不大能看得到了。二进堂前进深6米。屏门下是一道石门槛。据说烫金的“凤藻堂”堂匾就挂在这屏门的上方。这匾如今找不到了，说是“文化大革命”时被拆下来，后来被识货的人偷走了。大堂两边依稀能看清肥硕的月牙梁。由此可以推测，这房子应该是清朝时期的建筑。

屏门后是2米宽的后堂，事实上这里应该是另一空间的过渡。因为往东又是一只天井。这天井长4.90米，宽1.70米。天井两边与过厢之间，是1.05米的过道。这里的过厢也被改造了，过道也被砌到人家的房子里去了。好在这里有几处的牛腿还没有砌进去。那牛腿因为没有很好清理过，“文化大革命”时糊上去的泥巴依然斑斑驳驳留在上面。然而，从大小形状上看，还是能分辨出它们的主次来，那只小些的简单些的牛腿是厢房上的。厢房因为被改造，原本那些花格子窗看不清了。南边厢房改造后的墙上留着有一扇窗户，估计它该是原物。

“上街凤藻堂”三进比二进高一个台阶。三进与二进连接处，有一个1米宽的过道，南边是隔壁人家的房子，那边没有开门。北边因为是财主自家抱屋，开有一扇边门，可进入。二进进深四檩，6.10米。因为楼梯开在南北两边，堂前进深5米，后堂只留1米，做过道用。

“上街凤藻堂”面积本不大，加上屋里又堆满杂物，给人以逼仄拥堵的感觉。

说到这凤藻堂的来历，已经没有人能够说得清楚了。隐约知道这是李景亚手里装修的，钱是李景亚在外地做生意的哥哥李景财出的。

至于李景亚之前是谁，做了什么，自是再没人知道了。然而有一点还是明白的，是集和堂里的一个先祖建造了中街的凤藻堂和上街凤藻堂，两个凤藻堂住着的应该是兄弟。看样子这位老祖宗，房子还没有弄好就死去了。因为据说这时候，李家是一位太太站出来主持家里的大事了。为了造好这房子，这位太太卖掉了小源山的一座被叫小羊开的山坞。买山的那个人老是与这位太太纠缠，要让她贴加一只“道场坞”。这位太太以为“道场坞”像打谷的道场那么一点点大，就答应了，事实上“道场坞”比小羊山还要大，如此李家便吃了大亏。老辈说他们李家，就是因为造这房子造穷了。

洲佑堂：明代风格建筑遗存

李世隆

洲佑堂

洲佑堂位于江南镇彰坞村老街中段的西侧，坐西朝东，三间三进两天井，双坡硬山顶，木石结构二层楼房。青石条门框，有单重门檐。原檐下有额，四字内容不为常人所识；现已整修粉刷，原字迹已不复见。从其牛腿形制和雀替的升斗结构，以及图案内容和雕刻手法等特点来看，洲佑堂具有明末清初的特征，为彰坞村现存较早建筑。

走进洲佑堂，一进宏深，檐下八扇花窗，裙板都是雕刻的；枋木呈拱形，中间有浅浮雕，两端深雕云龙纹；小雀替有如意状突出。牛腿受黄泥保护，依稀可见抱鼓石形

状，下为云龙纹，上为麒麟玉书图案。但北侧牛腿已毁，以斜木支撑。第一个天井两侧的厢房门窗尽失，仅留下砖纹护墙。上堂牛腿为夸张变形的螭龙如意形，造型饱满，线条流畅，保存完好，相当漂亮。

二进上堂正中有门，房子的进深一下子延伸出去，与一般房屋不同。过中门，进入第二天井和第三进。据了解，第三进另有堂名，称“奔驰堂”，天井青石板宽大。两侧厢房均已作改造，除门以外全部用砖墙代替了原来的木制窗扇，并向天井外移，以扩大厢房空间。上堂两侧也用砖墙做了隔断。上堂出檐较深，檐下只有一窗两扇，其余为固定板壁；枋木呈拱形，两个灯笼钩仍然保存着；大牛腿处已为后砌砖墙封闭，看不出原来模样；但内柱雀替制作十分精美，花式升斗结构，有龙头、动物、花卉、折枝等；同时天井处设有轩廊，顶棚制作特别精美繁复，为别处民居所少见。可惜仅天井有光线射入，室内较为暗淡，轩廊又较高，无法看清图案内容。

洲佑堂与村中其他堂楼建筑一样，在土地改革时期都分给多户人家居住。这里最多时共住了八户人家。据村文化员张老师介绍，其中三进南侧住户为房屋建造者后裔徐小田的子女及弟弟。徐小田1949年前做纸头生意而在上海长住并成家、生儿育女；后知识青年上山下乡运动中，他的儿女选择下放到老家彰坞村，就与老家的叔叔比邻而居，他的女儿还是村里的民办教师。

20世纪70年代末，张老师去上海大世界游玩，突然从后面赶上来一位年长者拍拍他的肩，还直接问：“侬是勿是彰坞人？”张老师很是惊奇，眼前之人分明从未谋面。结果对方又说：“侬的走路姿势，与侬爸爸某某是一模一样格。”原来此人就是久居上海的徐小田，与张老师父亲是发小。他居然清楚记得年轻时伙伴的走路特征，并以此识别出家乡人，可见其对家乡的感情和眷恋之深。

现在，洲佑堂一二进已经过修缮，村中准备把这里改建成为篾业展示馆，让游客充分了解彰坞村这一特色传统产业。

关于堂名，有人认为是“洲佑堂”，也有人认为是“州右堂”，可惜均无明确出处。据查“州右堂”是佐理缉捕刑狱及文书等官署事务的人员，也即协助一个州长官负责缉捕、刑狱、布告的治安工作，相当于现在的公安厅厅长的职务。难道这幢房屋的主人曾担任过州右堂官职，然后就以官职命名堂楼?

康吉堂：且康且吉赞茂林

李世隆

康吉堂位于江南镇彰坞村110号，桐庐县历史古建筑373号，在村中“金鹅浴水”景点台阶所对的弄堂里近百米处。

康吉堂是茂林公于1930年前后建造的。大家知道，茂林公是建造徐氏家庙六家祠堂赞绪堂的主倡者。当时赞绪堂因限于财力和进度要求，只建了前后两厅，而中厅只能暂时搁置。过了六七年后，茂林公做生意赚到了钱，就建造康吉堂，同时一人出资把赞绪堂的中厅也续建完成了，为建赞绪堂的六家大大出了风头，成了村中的一段佳话。每每说起这段历史，茂林公二儿子徐汉平也总是感慨万千。

康吉堂所在的位置，当年称为“铜钿畈”，周围并无多少建筑，但现在已是村中了。康吉堂虽然门口空间不大，但刚好有一条东西向村道通过，且东边不远处即与村中老街相连，所以地理位置并不偏僻。康吉堂坐北朝南，小五间两进一天井木石结构，双坡硬山顶置马头墙，保存较为完好。茶源石门立壁和门额，门额上双钩书写“庭罗佳气”四字。想到王六吉在《换田修路记》中有说：彰义村“名曰行边宰相之格，造堂宜在当中，方收秀气”。吴景鸾秘传的《龙角冲霄歌》也说：“龙头极喜角冲霄，双角峥嵘贵冠朝。我地必须真气脉，方能用着比天高。”所以“庭罗佳气”四字，实在是很有深意的。

康吉堂

从整体结构判断，康吉堂应是

清代建筑，坐北朝南，占地263平方米。砖木结构，双坡硬山顶，马头墙，三间二弄二进楼房。从外观看，康吉堂除左前边间窗户曾作改造扩大外，从南和东两侧外墙看，虽有几处墙灰剥蚀，在墙角处露出石质墙体，在东墙一处二楼窗台边有明显水渍，但并未做大的修缮，从这里也可看出其牢固程度。

走进康吉堂大门，原有1米多宽的过间，石槛还保存完整，但屏门已拆除。这是当地堂楼房子的基本格局。跨过传统的过间石槛，就进入了第一进明间。一进三柱七檩，天井石板铺筑，置有青石须弥座放置水缸，两侧为三柱五檩，双坡硬山顶厢楼，二进五柱七檩。梁架完整结实，装饰木雕精细，布局紧凑，具有一定的艺术欣赏性。现在屋内虽然堆放着杂物，但从五合土地面和天井中的石板还是可以清楚看出当年修建者的用心和考究；而从其保存的完整性以及天井中保存完好的两只太平缸和石底座，也不难看出，虽然当年土地改革时房屋分给了六户人家居住，茂林公自己一家只住在西侧抱屋，但农户对房屋的使用还是比较爱惜的。可惜的是，房屋中的木构件特别是大家关注的牛腿，还是遭到了人为的破坏。福、禄、寿、喜四星赐福的雕像，其人物脸部都被大面积砍凿。牛腿上方替木上的众多小人物及各种生活场面的雕刻图案，更是被砍凿得面目全非。但即便如此，仍可看出当初雕刻的精美和人物姿态动作的传神，构图中人物上方的树木和枝叶更是层次丰富而富有变化。而保存下来的破损的雕刻构件，又增添了一种历史沧桑感，让人赞叹的同时，又不禁唏嘘不已。

两侧厢房墙壁的下部，都采用整块茶源石板。这在远离富春江水路，交通并不方便的彰坞村，不能不说是一种奢侈。上部花窗用短木条拼接花纹复杂的图案，中间花心部分未能保留，花窗天头用锯空雕缠枝纹；涤环板上图案疑是十二生肖，可惜右侧花窗已被拆除，整体性已缺失，且留下的六扇也因破坏严重而未能确认。花窗上部则是小花瓶柱，间隔镶嵌一扇形两圆形花板，疏密得体，形式和谐。上堂枋木深浮雕丹凤朝阳，两个雀替雕凤凰牡丹；其他小雀替也都很精致；上堂门条环板浅浮雕花鸟图案。整体观感十分舒适，豪华而不炫富，简约而不简单，体现了主人的高雅情致和人文修养。

可惜因房屋并非原主人居住，六户人家终究难以完全齐心，所以现在屋内凌乱不说，上堂更是瓦漏椽蚀，雨水一直漏到堂前地面。如再不加以维修，用不了多久就会有坍塌的危险。

大门里：仍遗当年儒商的生活气息

许马尔

富春江镇茆坪村59号这幢古建筑是当年胡家达夫妇的故居。2012年10月29日，儿孙们为胡家达夫妇共庆九十大寿，这儿热闹非凡。今天，当我们再一次走进大门里时，空荡荡的天井里，只见来者，不见古人。

大门里

胡家达夫妇故居面阔11.3米，进深15.7米，占地面积177.4平方米，坐东北朝西南，砖木结构，双坡硬山顶，粉墙黛瓦马头墙，为三间两进四合院式楼房。2015年10月，大门里已被列为桐庐县历史建筑保护单位。

走进大门有三档石阶，其石门框用产自淳安茶园青碧坚石砌筑，门框下枕石出面处分别雕有一鹿，因“鹿”与“禄”谐音，此为“跑步进爵”之意。门前是芦茨通往炉峰之古道，古道路面用小鹅卵石铺砌而成。在房屋进深不足2米处有一石槛，石槛与大门之间为照厅，亦称回堂。照厅之屏门一般不会开启，常人出入则走两边侧门，而遇上婚礼寿庆或有贵客登门时，主人才打开照厅大门。

照厅屏门后为轿厅，这里是过去乘

轿来访者落轿之处。第一进明间用三柱五檩，为双坡硬山顶；而天井两侧厢楼则是二柱三檩，为单坡硬山顶。

二进为后堂，中间明间用五柱九檩，此乃主人待客、祭神拜祖之场所。二进次间用四柱九檩。明间靠后金柱间所置板壁，旧称太师壁。中间矩形天井，方正大气，由淳安茶园青石板铺筑，其中三块中间石板与地坪是同一个水平面。

轿厅檐柱一对牛腿分别雕有麒麟吐玉书之图案，观其蹄子粗壮有力，仿佛奔于九皋。麒麟雄性称麒，雌性为麟，或合而简称为麟，麟为仁兽，且能吐玉书，乃祥瑞之象征。麒麟瑞兽纹在明清家具与房屋门窗构件中屡见不鲜，作为一种文化已经深深扎根在民间。坊间传说麒麟是送子神兽，能为人带来子嗣。

后堂明间檐柱牛腿、琴枋造型十分美观，堂前两只牛腿雕有一对活泼伶俐、栩栩如生的狮子，因“狮”与“事”谐音，在此表达了主人“事事如意”的愿望。当然，狮子也象征力量，这也是胡家达祖上寄希望后人仕途有所建树的意思。仔细察观胡家达夫妇故居的一件件雕刻，皆为非同寻常之艺术奇葩，历经沧桑，仍留美韵，让人赞叹不已。

胡家达老人生前介绍说：“这房子我们胡家人叫‘大门里’，也叫‘老家里’，茆坪村胡氏家族大多是从这里派衍出去的。”胡家达当年在介绍他们家族时，曾说过胡家祖上依靠柴炭生意而发迹，经营柴炭生意挣到铜钱之后，不仅造起大门里这幢明堂屋的房子，还在金西、芝厦、深澳，甚至分水、建德等地也买过不少田地，胡家也因柴炭生意成了富甲一方的家族。旧时，在芦茨与茆坪这条古道上，那些坐着一乘乘大轿进出的人，大多是胡家大门里经营柴炭的生意人，有的还专门养马作乘骑，这在桐庐其他地方恐怕也是为数不多的。

旧时，杭州十城门的十句民谣里，就有一句“清波门外柴担儿”的民谚，形容那时杭州人烧饭煮茶，其燃料主要是柴禾和木炭。而据记载，这些柴禾、木炭主要来自西南方面的桐庐与富阳两县，山民用船运到杭州后再挑进城去售卖。

桐庐木炭数白云源最为有名，而白云源木炭则出自茆坪村。清光绪年间就有“白云源盛产木炭，青炭最上，栗炭次之，乌炭又次之”的文字记载。茆坪境内山林达35000多亩，这些山林一般八至十年可轮回烧一次炭，当时堪称炭窑遍布。据有关记载，桐庐1953年产木炭25.66万担、木柴55.66万担。桐庐县旧志有出产柴炭“转输他郡资其利”的记载，而出货柴炭最多的埠头便是泷里芦茨埠了。

据当地九十多岁的胡武林老人介绍，胡家达夫妇故居传到他和胡家达这一代已经第七代了，这房子是他太公（曾祖）的太公（即烈祖）建造的，按时间推算大约建于清朝乾隆年间。胡武林是大门里原主人胡家达族弟，从曾祖父这一代开始由大

门里派衍出来。当时三兄弟分家，他们算是胡氏大房，而叙伦堂、睦肥堂、文安楼主人的祖上是三房，几乎半个茆坪村是从大门里发起来的，故茆坪胡氏家族习惯叫大门里为“老家里”。

旧时，大门里老屋前门通街，后面园子泥围墙一直到后面巽山为止，围墙里不仅有很大的菜园与古井，主屋后面当年还有三间两过厢抱屋和一幢俗称“开口屋”的三间楼房，“开口屋”即前面二楼木板壁、一楼木排门的泥木结构房屋。如今大门里仅存二进主屋，后面抱屋、园子全改建其他民宅了。

坊间曾流传“一代富先造屋，三代富才会吃”一句老话，而这句话用大门里这户人家来印证，恐怕是最为贴切了。茆坪胡氏家族这个会“吃”的人，正是建造这幢房子的第三代孙子，是生于清朝嘉庆年间的胡学煌。

胡氏在茆坪算是儒商之家，当年建造大门里明堂屋时，胡家主人还在门对面建有一处“乐志园”。“乐志”二字源出东汉末年哲学家仲长统的《乐志论》。仲长统在《乐志论》中表达了自己的隐逸情怀，他所向往的隐士生活，除了和其他隐士一样在精神上有高尚的情操之外，在物质上也有许多奢求，几乎是一种“富裕型的隐士生活”。而当年胡家主人建造乐志园，恐怕就是以仲长统为榜样的，为了寻求

大门里

一片身心得以寄托的净土，当时建了一个乐志园，并且在园内建有亭台长廊、古井鱼池，栽有四时花草，时有商户文人到乐志园耽乐豪饮。

如今，大门里这幢古建筑随着胡家达夫妻俩的离去，也同时光一起渐渐地老去了，看上去有些破旧与凌乱；但是从房屋的整体结构，从石刻、木雕等许多细节之处，人们依然可以找寻它曾经的辉煌，在这儿似乎还能闻到一些当年茆坪儒商的生活气息。